AF901707

Richard Findley

Kreativ drechseln.
16 Projekte

stv

RICHARD FINDLEY

KREATIV DRECHSELN

16 PROJEKTE

Leopold Stocker Verlag

Graz – Stuttgart

JAMES
CRAFT SUPPLIES USA

Inhalt

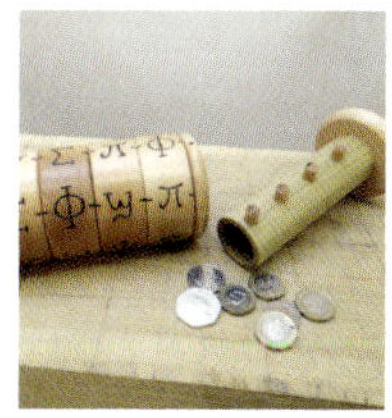

Vorwort

Als wir ein Buch auf Grundlage einiger meiner früheren Artikel besprachen, schauten wir, wie viele ich bereits geschrieben hatte: 13 pro Jahr seit 2010 – also hatten wir die Qual der Wahl. Der Verlag entschied, dass es für zwei Bücher der besten Artikel, die ich im Laufe der Jahre für das Magazin „Woodturning“ geschrieben hatte, reichte.

Das erste Buch, das 2023 veröffentlicht wurde, war eine Sammlung meiner besten Artikel über das Schalendrechseln. Es lag nahe, die Projekte zu gruppieren: in „Schalen“ und „anderes Zeug“, wobei „anderes Zeug“ keinen guten Buchtitel abgäbe und dem Inhalt auch nie gerecht würde. Nach langem Kopfzerbrechen und vielen Debatten wurde daraus „Kreativ drechseln“. Schalen sind toll; welcher Drechsler gestaltet sie nicht gern ab und an? Man verpasst aber auch eine riesige Vielfalt an Drechselstilen und die Erkundung dieses wunderbaren Handwerkes, wenn man sich auf sie beschränkt. Dieses Buch befasst sich mit meinen Herausforderungen, die keine Schalen waren – dafür aber Behälter, Spiele und Puzzles, Ziertechniken und interessante Objekte.

Die Herausforderungen des Magazins holten mich aus meiner Komfortzone als Berufsdrechsler und erprobten meine Fähigkeiten mit Techniken oder Projekten, die ich vorher noch nie versucht hatte. Darum entstanden daraus keine schnöden Anleitungen, und die Leser schienen gern zu verfolgen, wie ich mit den Aufgaben umging. Vor allem die Artikel, in denen etwas schiefging, schienen sie besonders gern zu lesen. Die Puzzle-Schale aus meinem ersten Buch war ein Paradebeispiel dafür – wer sich mehr davon erhofft, sei versichert, dass der keltische Knoten ab S. 142 auch nicht ganz nach Plan verlief.

Diese Artikel ermöglichten mir, an der Drehmaschine zu spielen und zu experimentieren – etwas, wozu ich bei meiner täglichen Arbeit nicht komme. Viele Techniken in diesem Buch gibt es schon seit Jahren, aber ich hoffe, dass Ihnen diese doch irgendwie einzigartige Präsentation und die Herstellung der fertigen Stücke Lesespaß bereiten werden. Einmal mehr danke ich Mark Baker dafür, dass er mir zutraute, diese Artikel zu schreiben, und mich die Idee weiterentwickeln ließ. Ich möchte dem kleinen Team von GMC für die harte Arbeit danken, aus meinen Texten und Fotos zunächst großartige Artikel und dann gemeinsam mit mir dieses Buch gemacht zu haben. Es wurde viel redigiert und umgeschrieben, um aus den Artikeln das zu machen, was Sie jetzt in Händen halten, und ich hoffe, alle Beteiligten sind stolz auf das Endergebnis. Vor allem hoffe ich, Sie haben Freude bei der Lektüre dieses Buches – ganz gleich, ob Sie einige der Artikel bereits gelesen haben oder ob sie neu für Sie sind –, und hoffe, Sie dazu zu inspirieren, sich in Ihre Werkstatt zu begeben und die Drehmaschine anzuwerfen.

VIEL SPASS BEIM DRECHSELN!

Handwerkszeug

SCHRUPPRÖHREN

Die Schrupppröhre gehört wahrscheinlich zu den ersten Röhren, die ein Anfänger in die Hand nimmt. Es ist wichtig zu beachten, dass sie ungeeignet für Schalen ist. Für diese bleiben Sie am besten bei Schalenröhren; Schrupppröhren sind nur für das Schruppen geeignet. Warum das so ist? Erstens weil sich die großen, beim Schruppen so nützlichen Seiten bei Schalen leicht verfangen. Zweitens weil die Art, wie das Werkzeug geschmiedet ist, insbesondere die Form der Angel (der Teil, mit dem das Werkzeug in den Griff eintritt), eine natürliche Schwachstelle ist. Obwohl das Werkzeug für die beim Schruppen entstehenden Kräfte stark genug ist, hält es den größeren Kräften bei Schalen und dem dabei möglichen Verfangen nicht stand.

Ich bevorzuge ein 28-mm-Werkzeug mit zum U geschwungener Biegung. Einige Werkzeughersteller haben komische Vorstellungen von der besten Form für dieses Werkzeug und gestalten es eher V-förmig, aber ich finde diese Form weniger vielseitig und beim Schärfen problematisch, da oft hervorstehende Grate entstehen, die praktisch nutzlos sind und eher noch zusätzliche Gefahr bergen, sich zu verfangen. Ich schleife meine Schrupppröhren gerade und in einem Winkel von etwa 35°.

Das Erste, wofür Sie Ihre Schrupppröhre wahrscheinlich verwenden werden, ist das Schruppen eines Vierkantholzes zum Zylinder. Das ist ziemlich einfach: in der Mitte der Spindel beginnen und das Werkzeug zunächst mit dem Griff nach unten halten, um nur die Fase anzusetzen. Den Griff leicht anheben, bis er Späne erzeugt. Dies ist dann der perfekte Fasenwinkel, um einen Zylinder zu drechseln. Nachdem Sie den Schnitt begonnen haben, das Werkzeug entlang der Werkzeugauflage bis zum Ende des Rohlings bewegen und dabei den Schnitt fortsetzen.
Es ist wichtig, den Schnitt von der Mitte nach außen zu führen und nicht umgekehrt, da dies dazu führen kann, dass eine Ecke angehoben wird und Ihnen ein großer und meist scharfer Splitter entgegenfliegt! Nach dem ersten Schnitt ist diese Gefahr gebannt und das Drechseln kann in beide Richtungen fortgesetzt werden. Bewegen Sie sich einfach über den Rohling, erst in die eine und dann in die andere Richtung, bis er rund ist. Es ist nicht nötig, das Werkzeug aufwendig zu drehen, man nutzt einfach einen Teil der Schneidkante. Das Schöne dabei ist, dass man das Werkzeug nur um ein paar Grad in die eine oder andere Richtung drehen muss, wenn die genutzte Stelle an der Schneide stumpf wird.

Obwohl es oft als grobes Werkzeug zum Entfernen von Holzresten gilt, kann es auch für Feines verwendet werden.

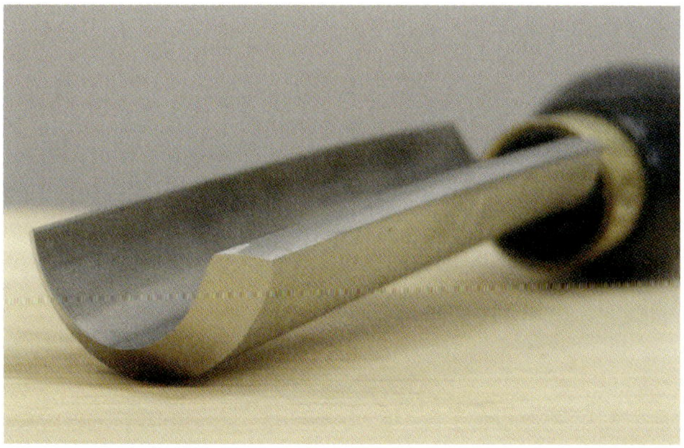

Meine 28-mm-Schrupppröhre.

Der erste Schnitt entfernt die Ecken des Rohlings.

Ruhige Schnitte hin und her glätten den Rohling zum Zylinder.

Bei einem Werk mit Knauf würde ich zunächst die Schulter mit einem Flachmeißel oder einer Schruppröhre im rechten Winkel zuschneiden und dann den Rest zu einem Zylinder drechseln. Direkt neben dem Knauf vorsichtig versäubern, indem der Flachmeißel auf die Seite gedreht und die Ecke der Seite wie ein Meißel benutzt wird, um sich bis zur im rechten Winkel liegenden Kante des Knaufs vorzuarbeiten.

Die andere Aufgabe der Schruppröhre ist die erste Formgebung des Rohlings. Um die Grundzüge einer langen, fließenden Rundung auszuarbeiten, das Werkzeug wie beim Schruppen verwenden, aber den Griff beim Ausarbeiten der Form (erst eine Verjüngung, dann ein Bogen) allmählich anheben, mit etwas Druck nach vorn. So wird aus der parallel verlaufenden Form erst eine Kegelform und dann ein Bogen. Dabei müssen Sie immer darauf achten, „abwärts" zu arbeiten, also die Flöte immer in Arbeitsrichtung und den Griff hinter dem Schnitt zu halten; so behalten Sie die Kontrolle über die Drechselarbeit und erzielen ein gutes Ergebnis.

Durch Drehen des Werkzeugs können Sie die Seite bis zum Knauf nutzen.

Die Schruppröhre bringt eine Spindel in Form.

ABSTECHER

Eines der einfachsten Drechselwerkzeuge ist der Abstecher – zumindest wäre er das, gäbe es nur eine Standardversion. Doch auch hier gibt es verschiedene Formen und Größen für unterschiedliche Aufgaben. Der Vorteil: Sie funktionieren immer recht gleich, welchen Sie auch besitzen. Ich verwende zwei Hauptformen zum Abstechen, wie hier gezeigt.

Mein persönlicher Favorit hat ein 3,5 mm großes Rautenprofil. Er ist schmal genug, um nicht zu viel abzutragen, aber stabil genug für einfache Handhabung. Das Rautenprofil senkt das Risiko, im Holz hängenzubleiben, sei es beim Zuschnitt mit Messschieber oder beim Abstechen eines Deckels von seinem Unterteil. Manchmal verwende ich auch ein sehr schmales 2-mm-Werkzeug, das mehr wie ein Messer aussieht. So entsteht noch weniger Abfall, aber die Festigkeit der dünnen Klinge ist problematisch: Sie schneidet sehr tief und verformt sich leicht, wenn man nicht aufpasst. Oft entsteht so ein Schnitt mit 1,5-facher Breite und es wird fast ebenso viel entfernt wie mit meinem anderen Werkzeug.

Die Arbeitsweise ist wichtig: Das Werkzeug wird nicht einfach hineingedrückt, sondern – wie bei den meisten Drechselwerkzeugen – die Fase genutzt, um zur Mitte hin zu schneiden. Der Griff wird niedrig angesetzt und die Handlung liegt darin, den Griff anzuheben und nach vorn zu drücken, wobei die Spitze in einem Bogen zur Mitte geführt wird. Dies ergibt den glattesten, schnellsten und effizientesten Schnitt.

Meine beiden bevorzugten Abstecher.

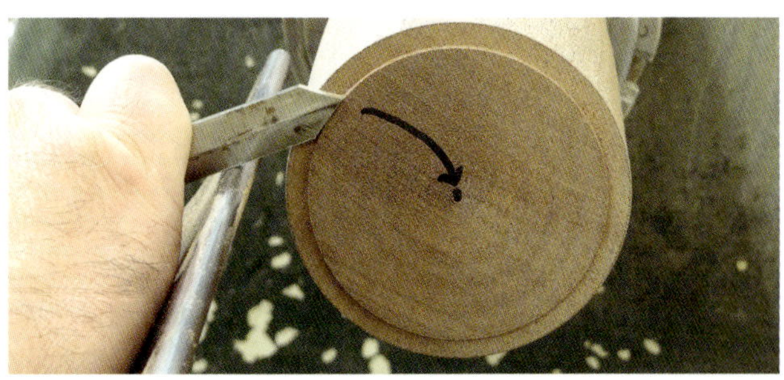

Der bogenförmige Einsatz der Fase des Abstechers.

Verwendung eines Abstechers mit Schublehre.

Bei der Arbeit mit Schublehren beginne ich mit zwei Händen am Werkzeug, bringe die vordere Hand hinter das Werkstück, sobald der Schnitt reibungslos ausgeführt wird, und lege die auf die richtige Größe eingestellte Lehre sanft auf die Werkstückrückseite. Es ist wichtig zu betonen, dass auf das Holz kaum Druck ausgeübt wird – nur das Gewicht der Schublehre. Wenn ihr Maß erreicht ist, fällt sie einfach durch.

FLACHMEISSEL

Das ist doch jedermanns Lieblingswerkzeug, oder? Offensichtlich nicht! Der Flachmeißel wird zum Schlichten, für Wülste und Knäufe sowie zum Glätten von Hirnholz verwendet. Noch ein Werkzeug, das es in vielen Formen und Größen gibt, aber was ist das Beste? Jeder hat da seine eigene Meinung. Manche bevorzugen die breiten, andere mögen die schmalen lieber. Viele schwören auf die ovale, die runde oder die eckige Version – kein Wunder, dass Anfänger da verloren sind, noch bevor sie überhaupt angefangen haben. Ich rate Ihnen, sich bei einem Drechselverein oder einem Freund durchzuprobieren, um herauszufinden, was Ihnen am besten in der Hand liegt. Die Technik bleibt immer gleich, solange man einige einfache Regeln befolgt.

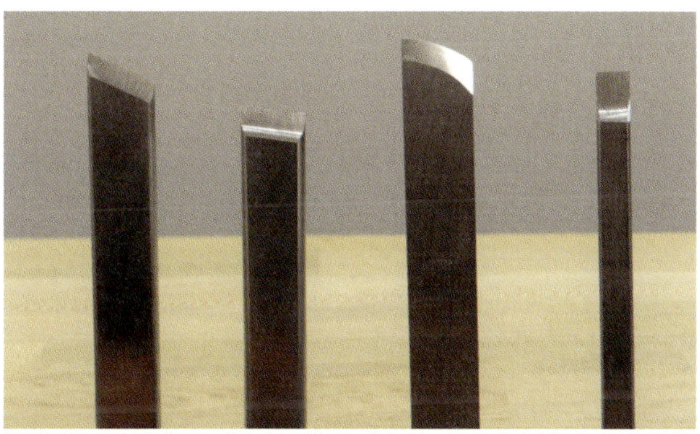

Ausgewählte Flachmeißel. Von links nach rechts: Werksschliff, verbesserter geraderer Schrägschliff, Schrägschliff mit gebogener Kante, mein Signatur-Werkzeug.

FLACHMEISSEL-VOKABULAR

Worauf man beim Flachmeißel zuerst achten sollte, ist das Vokabular: lange und kurze Spitze. Die lange Spitze befindet sich bei allen abgebildeten Werkzeugen links. Werksseitig werden diese Meißel sehr schräg geschliffen, aber wie viele Berufsdrechsler meine auch ich, dass ein geraderes Werkzeug vielseitiger ist; mein eigener Favorit ist sogar völlig rechtwinklig. Um für noch mehr Verwirrung zu sorgen, mögen manche Drechsler auch gebogene Kanten an ihren Meißeln.

PLATTEN- UND ABSTECHSTAHL

Jeder, der meine Artikel in „Woodturning" gelesen oder mich bei Vorführungen gesehen hat, weiß, dass mein Lieblings-„Meißel" zum Drechseln eigentlich ein Platten- und Abstechstahl ist – eine Mischung aus Abstecher und Flachmeißel und ein sehr traditionelles britisches Drechselwerkzeug. Die Franzosen verwenden den Bedan in ähnlicher Weise, nur dass dieser eine einzige Fase hat, während der Platten- und Abstechstahl zwei hat. Der Bedan hat auch manchmal vom Ende aus betrachtet einen leicht trapezförmigen Querschnitt, der Platten- und Abstechstahl einen quadratischen.

Mein Signatur-Werkzeug.

Ich verwende dieses Werkzeug so oft, weil es alles kann, was ein Meißel kann – und auch, wie ein Abstecher, Maßschnitte mit Messschieber, die beim Längsdrechseln so wichtig sind. Somit brauche ich nur dieses eine Werkzeug, nicht einen Abstecher und einen Flachmeißel.

Ich nutze es so oft, dass ich eine Signatur-Version vom Hersteller Crown exklusiv auf meiner Website anbieten darf: eine verbesserte Version des klassischen Werkzeugs mit dem 22°-Schliff, den ich jeden Tag in meiner Werkstatt nutze. Die Führungskanten, an denen es auf der Werkzeugauflage aufliegt, sind stark abgerundet, damit es leicht gleitet und gut in der Hand liegt. Wenn Sie in diesem Buch von „Signatur-Werkzeug" oder „Signatur-Plattenstahl" lesen, meine ich dieses Werkzeug. Sie können je nach Aufgabe stattdessen eine Standardversion, ein Schrägeisen oder einen Abstecher verwenden.

Schlichten am Idealpunkt unterhalb der Mittelmarke. Mein Signatur-Werkzeug ist halb so breit wie dieses Werkzeug (Einschubbild).

Formen per Schlichtschnitt mit dem Großteil der Schneidkante.

Einen Wulst mit der Werkzeugspitze ausarbeiten.

Formgebung des Knaufs durch Schneiden mit der Werkzeugspitze.

SCHRÄGEISEN/SIGNATUR-WERKZEUG IM EINSATZ

Sie müssen verstehen, wann Spitze und wann Schneide des Werkzeugs zum Einsatz kommen. Zum Schlichten ist die Schneide am besten. Dazu sollten Sie die Mitte der Schneide suchen und das Eisen unterhalb dieser anlegen. Je breiter das Werkzeug, desto wichtiger ist das Ansetzen unterhalb der Mittelmarke. Bei einem schmaleren Werkzeug ist dies weniger problematisch; Sie können die Mitte der Schneide verwenden.

Beim Schlichten liegt das Werkzeug mit der unteren Ecke auf und gleitet die Auflage entlang, wobei die Schneide das Holz durch Abrieb an der Fase schneidet. Wenn Sie zu hoch an der Schneide ansetzen, wird das Werkzeug nicht von der Auflage gestützt und kann hängen bleiben – einen Idealpunkt zu markieren kann anfangs hilfreich sein.

Man kann Wülste auf einige Weisen ausarbeiten, aber ich glaube, dass meine Methode die besten Erfolgsaussichten bietet. Dabei ist es wichtig, den Kontakt mit der Fase aufrechtzuerhalten – wenn sich die Fase vom Holz löst, bleibt sie hängen. Wenn Sie beim Ausarbeiten den Wulst mit der Werkzeugspitze schneiden, folgt die Fase dem Schnitt und bleibt dauernd in Kontakt, wodurch man über den gesamten Schnitt die Kontrolle behält. Dafür eignen sich sowohl die kurze als auch die lange Spitze, aber ich bevorzuge eher die lange, da sie während des Schnitts bessere Sicht bietet.

Knäufe werden ähnlich geformt, haben aber allgemein eine viel sanftere Rundung. Die Arbeit mit der Spitze (lange Spitze beim Standard-Schrägeisen) und glatten, leichten Schnitten erzeugt eine saubere Oberfläche. Es ist wichtig, zu schneiden und nicht in das Holz zu stechen oder zu stoßen, damit nichts splittert.

SPINDELRÖHREN

Ich habe Spindelröhren in drei Größen: 6 mm, 10 mm und 12 mm. Meine Wahl hängt ausschließlich von der Werkstückgröße ab. 10 mm ist meine Standardgröße, während ich die 12-mm-Röhre für Arbeiten mit größerem Durchmesser und das 6-mm-Werkzeug für kleinere Stücke verwende. Sie alle sind gerundet, mit dem gleichen fingernagelförmigen Profil und einem Fasenwinkel von 35°. Ich entferne auch den Absatz meiner Spindelröhren, wodurch ich leichter um enge Kurven herumkomme und holzschonender arbeite. Die Spindelröhre ist das von Drechslern wohl am häufigsten genutzte Werkzeug; mit ihr formt man Wülste, Einbuchtungen und Knäufe, setzt spielend Details und glättet Rundungen.

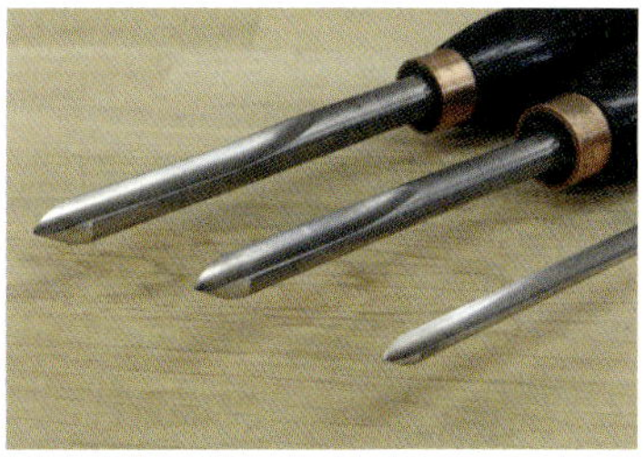

Meine Spindelröhrenauswahl.

Formen einer Einbuchtung mit der Spindelröhre.

Aushöhlen mit der Unterkante der Spindelröhre.

Hauptzweck ist das Schneiden von Einbuchtungen bei Spindelarbeiten, wobei abwechselnd nach links und rechts gerollt und geschabt wird, bis eine Hohlkehle entsteht. In diesem Buch wird sie mehrmals zum Aushöhlen von Kisten verwendet, wobei die Flöte auf etwa 10 Uhr gedreht wird und der untere Flügel das Holz abträgt. Dies kann zum kräftigen Aushöhlen oder zum leichten Verfeinern und Formen der Kisteninnenseite verwendet werden.

SCHABER MIT NEGATIVER FASE

Schaber sind toll zum Bearbeiten von Hirnholz, z. B. zum einfachen Verfeinern der Innenkurve bei Kisten und Kelchen. Schaber mit negativer Fase haben oben und unten je eine Fase und nicht nur eine, wie gewöhnliche Schaber. Über den genauen Winkel lässt sich streiten, aber ich bevorzuge 35° oben und unten, sodass das Werkzeug einem Flachmeißel ähnelt. Der Grat vom Schärfen mit der Schleifmaschine kann durch Polieren mit einem HSS-Schärfstab verstärkt werden. Der Hauptvorteil liegt in der einfachen Handhabung: Im Gegensatz zu einem herkömmlichen Schaber muss man den Griff nicht hochhalten und den Grat nicht nachziehen. Durch den Schliff ist er unglaublich nutzerfreundlich und hinterlässt direkt eine glatte Oberfläche.

WOLFRAMKARBIDWERKZEUGE

Für die meisten Kisten verwende ich eine Spindelröhre und verfeinere die Oberfläche mit einem Schaber mit negativer Fase. Gelegentlich, wenn die Aushöhlung tiefer gehen soll, als diese Werkzeuge bewältigen können, wechsle ich zu einem Ausdrehstahl. Ich bevorzuge dabei das Mini Carbide Pro Tool von Simon Hope oder die Axminster-Wolframkarbidsonde von Crown, aber es gibt viele Alternativen. Mit ihrem starren Schaft und dem kleinen austauschbaren Hartmetallfräser am Ende können sie viel tiefer in ein Werkstück eindringen. Wenn der Fräser auf die Seite gedreht wird, schneidet er leicht und fein; wird er aufgerichtet, greift er stärker an. Beim Arbeiten von der Mitte nach außen lässt er sich leicht kontrollieren und hinterlässt mit etwas Übung eine erstklassig glatte Oberfläche im Inneren einer Kiste oder einer anderen kleinen Hohlform.

Gebogene und gerade Schaber mit negativer Fase.

Mein gebogener Schaber mit negativer Fase in Aktion am Hirnholz.

Meine Wolframkarbidfräser zum Aushöhlen.

Aushöhlen mit dem Ausdrehstahl von Hope.

0 1 2

BEHÄLTER

0,05mm
4
5
6
7
8
9
10 cm
STAINLESS
HARDENED
K18036002
0 1 2 3 4 5 6 7 8 9 0

Daubenfass

Die Aufgabenstellung dieser Herausforderung war eher vage: Mach etwas mit Dauben! Das war meine einzige Information; die Idee dahinter war, dass ich meine Fantasie nutzen und mir etwas einfallen lassen sollte. Als ich darüber nachdachte, was normalerweise mit einer Daubenkonstruktion hergestellt wird, kam mir sofort ein Weinfass in den Sinn. Das schien ideal für ein Behälterprojekt, und so beschloss ich, einen ebensolchen in Form eines Fasses aus Dauben zu drechseln. Da ich so etwas noch nie ausprobiert hatte, galt es, die Technik zu erforschen und auch mehr über Weinfässer herauszufinden.

DAS HOLZ

Weinfässer werden in der Regel aus Eichenholz hergestellt, somit lag die Wahl des Holzes nahe. Hätte ich jedoch nur ein einziges Holzstück verwendet, wären die Dauben schwer zu erkennen gewesen. Glücklicherweise arbeite ich täglich mit amerikanischer Weißeiche und europäischer Eiche, die sich nur geringfügig unterscheiden. In meinem Holzstapel fand ich je ein Stück, wobei die europäische Eiche fast wagenschott gesägt war, während die amerikanische Eiche eher zufällig aus dem Baum geschnitten wurde. Dies verlieh ihnen ein leicht unterschiedliches Aussehen, und so wollte ich sie um das Fass herum abwechselnd anordnen, um die einzelnen Dauben sichtbar unterschiedlich zu machen.

Fässer werden normalerweise mit Stahlbändern zusammengehalten. Ich wollte kein Metall nehmen, aber dunkles Holz könnte für die richtige Optik sorgen. Wiederum im Holzstapel stieß ich auf fast schwarze Mooreiche, die die Aufgabe perfekt erfüllen würde.

Das für das Projekt gewählte Eichenholz.

PLANUNG

Als Erstes zeichnete ich das Fass in der Draufsicht, um zu prüfen, wie viele wie große Dauben ich verwenden sollte. Ich konnte mir zwar ein Weinfass vorstellen, hatte aber keine Vorstellung von der tatsächlichen Größe. Eine kurze Internetrecherche lieferte mir einige Durchschnittsgrößen als Grundlage für mein Fass: Der breiteste Durchmesser misst in der Regel 700 mm und der an den Enden 530 mm bei einer Höhe von 890 mm. Nach einigem Rechnen wählte ich eine Höhe von 100 mm bei 80 mm Maximaldurchmesser, um realistische Proportionen zu erhalten.

Nachdem ich das Fass in voller Größe gezeichnet hatte, entschied mich für acht Dauben. Bis auf mein Gefühl hatte ich keine wirkliche Grundlage für diese Entscheidung. Für ein noch realistischeres Aussehen hätte ich mehr Dauben verwenden können, aber je mehr Dauben, desto schwieriger das Werk. Acht erschienen mir daher als goldene Mitte zwischen Realismus und Umsetzbarkeit.

Da ich acht Dauben verwenden würde, hatte ich die benötigten Winkel für die Arbeit:

- 360° ergeben einen Kreis,
- geteilt durch 8 Flächen ergibt das 45°;
- jede Daube besteht aus zwei Flächen, weshalb die 45° halbiert werden müssen, was 16 einzelne Winkel à 22,5° ergibt.

FORMEN DER DAUBEN

Es gibt viele Möglichkeiten, die Dauben im richtigen Winkel zuzuschneiden:

- Tischsäge mit schwenkbarem Sägeblatt,
- Tischsäge mit Schablone,
- Oberfräse mit gewinkeltem Fräser,
- Oberfräse mit geradem Fräser und Schablone,
- Handhobel,
- Hobelmaschine.

Ich hatte die meisten dieser Optionen zur Verfügung (bis auf das schwenkbare Sägeblatt, da meine damalige Tischsäge ein festes hatte), aber hielt die Hobelmaschine für die beste. Eine verstellbare Vorrichtung an Tischsäge oder Oberfräse wäre zu arbeitsintensiv, vor allem bei so einer einmaligen Arbeit. Ich habe eine unter einem Tisch befestigte Oberfräse, sodass ein Winkelfräser einfach zu verwenden wäre, solange die Oberfräse perfekt rechtwinklig zum Tisch steht, was sie aber nicht tut. Meine industrielle Hobelmaschine hat einen stabilen, verstellbaren gusseisernen Anschlag, der die notwendige Kontrolle bieten würde.

Einstellen der Hobelmaschine mit digitalem Winkelmesser.

Das Holz auf den richtigen Winkel hobeln.

Nachdem ich das Holz ausgewählt, gehobelt und auf die richtige Größe gebracht hatte und es perfekt rechtwinklig war, konnte ich den Anschlag einstellen. Genauigkeit war der Schlüssel, also kaufte ich einen digitalen Winkelmesser. Ich stellte den Anschlag sorgfältig auf die erforderlichen 22,5° ein (am Display stehen 112,5° – von 90° aus gemessen, also 90° + 22,5° = 112,5°). Natürlich ist es nicht sicher, 100-mm-Hölzer über eine Hobelmaschine zu schieben (empfohlen sind mindestens 300 mm Länge), also schnitt ich meine ausgewählten Hölzer auf ca. 450 mm zu – lang genug für meine acht 100-mm-Stücke. Dass ich nur zwei Holzstücke bearbeiten musste, erleichterte einiges.

Da leichte Striche über die Maschine zum besten Ergebnis führen, hobelte ich für den perfekten Winkel neunmal über jede Seite. Dies ließ sich auf jeder Seite leicht wiederholen. Die Schutzvorrichtung der Hobelmaschine reichte bis ans Holz, und ich achtete darauf, meine Finger von den scharfen Klingen fernzuhalten.

ERSTER VERSUCH

Nachdem das Holz gehobelt war und vielversprechend aussah, schnitt ich es zum Probieren in vier gleiche Längen in der Gewissheit, dass die sorgfältige Einstellung des Anschlags mit dem digitalen Winkelmesser mir nur ein perfektes Ergebnis liefern könnte – und lag völlig falsch! Ich legte die Stücke wie die Zinnsoldaten mit den Innenseiten nach unten nebeneinander und klebte etwas Malerkrepp als eine Art Scharnier auf die Rückseite, um die acht Teile leicht zu einem Ring zusammenrollen zu können. Dummerweise klaffte eine große Lücke zwischen den beiden letzten Stücken.

Ich überprüfte mehrfach meine Einstellungen, zerbrach mir den Kopf und folgerte, dass es sich um eine Diskrepanz zwischen Winkelmesser und Anschlag handeln musste. Wie oder warum konnte ich nicht sagen, sie war eindeutig da. Ich maß den Winkel der Lücke in meinem ersten Ring mit dem Winkelmesser und erhielt 13°. Ich teilte 13° durch die 16 Winkel und stellte fest, dass jeder Winkel um 0,8° abwich – ich hätte vor Ärger schreien können! Eine solche Genauigkeit ist bei normalen Holzarbeiten höchst selten, war aber für dieses Projekt entscheidend. Die einzige Lösung war neues Holz mit einem um 0,8° vergrößerten Anschlagwinkel (also jetzt 113,3°).

Malerkrepp zum Zusammenhalten der Dauben.

Erster Versuch mit ziemlich großer Lücke.

ZWEITER VERSUCH

Im zweiten Anlauf und mit neuem Winkel musste es perfekt werden! Ich klebte das Malerkrepp auf die Rückseiten der Dauben und rollte sie auf. Es war viel besser als beim ersten Versuch, aber leider gab es immer noch eine Lücke. Ich hatte jetzt zwei Möglichkeiten: Ich konnte den Vorgang wiederholen, den Anschlagwinkel um ein paar Dezimalstellen vergrößern und einen dritten Versuch wagen oder die schon vorhandenen Stücke anpassen. Die Lücke war nur klein, also ließ ich es auf einen Versuch mit einem scharfen Handhobel ankommen. Danach könnte ich immer noch einen dritten Durchgang starten.

So kleine Holzstücke in unüblichen Winkeln zu halten, kann schwierig sein, aber damit habe ich schon Erfahrung: Ich halte jedes Stück an den Enden mit einer Einhandzwinge und spanne diese in meinen Schraubstock. Das ist zwar etwas umständlich, aber das zu hobelnde Holz liegt darin sehr gut. Die Erfahrung hat gezeigt, dass für optimale Ergebnisse jeder Winkel gleichbehandelt werden muss. Wenn man nur ein Stück mit einem neuen Winkel hobelt, gerät meist alles so durcheinander, dass es nie funktioniert. Also passte ich mit einem scharfen Hobel den Winkel auf jeder Fläche an und prüfte regelmäßig, ob die Teile einen perfekten Ring bildeten. Ich musste nur eine winzige Menge Holz abhobeln, damit alles ideal zusammenpasste. Ich klebte neues Malerkrepp auf, strich eine dünne, gleichmäßige Schicht Leim auf die Verbindungsstellen und rollte auf. Dann klebte ich noch mehr Klebeband auf die letzte Verbindung, um sie zum Trocknen über Nacht zu fixieren.

Seitdem habe ich mehrere Werke aus Segmenten gefertigt und festgestellt, dass ich Arbeiten aus acht oder zwölf Teilen oder Dauben in zwei Hälften teilen kann, die ich wie hier gezeigt verleime und abklebe. Sobald der Leim getrocknet ist, gleiche ich zusammentreffende Flächen an und schließe den Kreis mit Klebeband. So lässt sich der frustrierende Bruchteil eines Grads, der mir bei diesem Projekt Probleme bereitet hatte, leicht korrigieren und ist am fertigen Werk nicht mehr zu erkennen.

Versuch Nummer zwei war besser, aber noch nicht perfekt.

Ich korrigierte die Winkel mit dem Handhobel.

Die Teile passten bei der Probe perfekt zusammen; hier sehen Sie die Gesamtmenge an Spänen, die ich dafür abtragen musste.

Verleimen der Dauben.

Die verleimten Dauben blieben zum Trocknen über Nacht stehen.

DRECHSELN DES FASSES

Nach Verleimen und bündigem Zuschneiden der Dauben konnte ich mit dem Drechseln beginnen. Zuerst spannte ich den Rohling zwischen einen ins Spannfutter gesetzten, zum Kegel gedrechselten Holzrest und meine 60°-Standardkörnerspitze. Wie bei jedem Behälter drehte ich zwischen Spitzen und begann, den Rohling ungefähr in Fassform zu bringen. Dabei orientierte ich mich an den erarbeiteten Proportionen.

Ich hatte recherchiert, dass oft mehrere Stahlbänder um Fässer liegen. Da ich nur ein Fass darstellen und kein maßstabsgetreues Modell anfertigen wollte, erlaubte ich mir künstlerische Freiheit und entschied, dass zwei parallele Bänder gut aussehen würden. Ich zeichnete sie mit Bleistift an und stach den Unterteil des Behälters vom Rest ab.

Dann formte ich in Unter- und Mittelteil der Dose eine Aussparung für die mit Zapfen versehene Mooreiche.

Ich bereitete zwei Mooreichenscheiben vor, die ich auf ein Schraubfutter spannte, um sie in beide Richtungen einbauen zu können. Ich drechselte die erste mit übergroßem Durchmesser, schnitt aber die Zapfen zurecht, damit sie in die Aussparungen passte. Die Scheiben waren quer gemasert wie Schalenrohlinge, also schnitt ich die Zapfen mit meinem Plattenstahl, den ich wie einen Schaber mit negativer Fase benutzte, was eine schöne, feine Oberfläche hinterließ.

Zufrieden mit dem Sitz in beiden Fasshälften und der Breite des sichtbaren Bandes (ich entschied mich für 6 mm) bestrich ich die Aussparungen vorsichtig mit Leim und drückte das Ganze zusammen. Ich nutzte die Drechselbank als Zwinge, spannte das Fass wieder in das Spannfutter ein und setzte einen Holzklotz auf meine Körnerspitze, um gleichmäßigen Druck auszuüben. So entstand eine perfekte, feste Verbindung. Nach dem Trocknen stach ich den Oberteil auf die gleiche Weise ab und versah den Hauptteil mit einer Aussparung für das zweite Band.

Montage des Rohlings zwischen den kegelförmigen Spitzen.

Formen des Fasses.

Markieren des Fasses, bereit zum Abstechen.

Abstechen des Unterteils vom Fass.

Aushöhlen des Sockels mit einem Schaber mit negativer Fase.

Vorbereiten der Mooreiche.

Druck mit der Drehmaschine, während der Leim trocknet.

EINPASSEN DES DECKELS

Dieser Arbeitsschritt ähnelte dem vorherigen, doch wurde der zweite Mooreichenring nur mit dem Fasskörper verleimt: Der Oberteil sollte der Deckel des Behälters werden.

Wie zuvor drechselte ich eine Aussparung in das Fass, versah die Mooreichenscheibe mit dem entsprechenden Zapfen, verleimte beide und übte mithilfe der Drehmaschine Druck aus. Nachdem der Leim vollständig getrocknet war, drechselte ich den Behälter wie gewohnt. Ich brachte das Deckelinnere mit Aussparung auf die endgültige Größe, spannte das Werk wieder ein und höhlte es mit Spindelröhre und – an unzugänglichen Stellen – einer Wolframkarbidsonde aus, um alles zu glätten. Danach arbeitete ich in den Rand der Mooreiche einen Zapfen und ließ die gleiche sichtbare Breite (6 mm) stehen.

Wie immer, wenn ich Behälter herstelle, habe ich den Deckel zunächst festsitzend eingepasst, damit ich den Korpus als Klemmfutter verwenden und den oberen Teil des Deckels ausarbeiten konnte.

Damit sie möglichst realistisch aussahen, wollte ich an den Enden einfache Eichenscheiben in Aussparungen leimen. Bei der Planung hatte ich Bedenken, weil das Holz sich verziehen könnte, aber ein wenig Recherche zerstreute meine Befürchtungen und es fühlte sich sicher an, auf diese Weise fortzufahren.

Verleimen des zweiten Mooreichenbandes.

Aushöhlen des Behälters.

HOLZ VERZIEHT SICH

Dass Holz sich verzieht, ist bei der Holzbearbeitung ein Dauerbrenner. Die Unterteilung eines Werks in viele kleine Stücke vermeidet einen Gutteil dieser Probleme, aber ein größeres massives Stück (etwa der Boden einer Schale) kann auch ein Werk aus vielen Einzelteilen ruinieren. Die Enden meines Fasses bereiteten mir ein wenig Sorgen, da die festen Scheiben sich verziehen könnten, die Dauben hingegen kaum.

Meine Internetrecherchen ergaben, dass massive Böden durchaus Probleme verursachen können, aber der allgemeine Konsens ist, dass sich das Holz im Verhältnis zu seiner Größe im Prozentbereich verzieht (so sind z. B. 5 % bei einem kleinen Stück nicht viel, bei einem großen Stück Holz jedoch eine relativ große Bewegung), also verursachen massive Teile mit einem Durchmesser von weniger als 100 mm nur sehr wenige Probleme. Insbesondere, wenn sie wagenschott, also auf die stabilste Weise, geschnitten sind. Meine kleinen Scheiben sollten also in Ordnung gehen. Zuletzt war ich besorgt, ob sich die Ringe aus Mooreiche verziehen würden, aber auch mehrere Tage nach dem Drechseln saß der Deckel immer noch perfekt und ich hoffte, dass dies so bleiben würde. Mir fiel später ein, dass ich die Bänder auch als segmentierte Ringe hätte anfertigen können, um auf Nummer sicher zu gehen.

DER BODEN DES BEHÄLTERS

Nach Abschluss des Deckels nahm ich ihn ab und passte den Sitz meinen Wünschen an. Er sollte nicht herunterfallen, wenn man den Behälter drehte, sich aber dennoch leicht abnehmen lassen – eine Gratwanderung, die aber wohl geglückt ist.

Als Nächstes musste ich den Boden des Behälters ebenso vollenden. Ich hätte ein Klemmfutter drechseln können, steckte die Dose aber am Rand gut mit Küchenpapier gepolstert sachte ins Futter. Das funktioniert für leichte Schnitte an hartem Holz, das nicht von den Futterbacken beschädigt werden kann. Weicheres Holz sollte in einem Klemmfutter befestigt werden. Wie an der Oberseite drechselte ich eine Aussparung in den Boden und konnte für Verbesserungen im Inneren hineinreichen.

Zuletzt musste ich die zwei Scheiben aus wagenschott gesägter europäischer Eiche zu Deckeln drechseln und verleimen. Zum Schluss wurde der Behälter mit Hartwachsöl versiegelt.

Versäubern mit dem Deckel als Klemmfutter.

Einleimen der wagenschott gesägten Deckel.

Das fertige Fass mit abgenommenem Deckel.

Donutdose

Hier bestand die Aufgabe darin, eine Dose in Form eines Torus zu schaffen – umgangssprachlich auch als Donut bezeichnet. Obwohl ich das fertige Objekt klar vor meinem geistigen Auge sehen konnte, war ich mir über die Umsetzung nicht so im Klaren. Normalerweise kann ich mir jeden notwendigen Arbeitsschritt genau vorstellen, aber bei diesem Projekt gab es einige Leerstellen, und ich wusste, dass es mir Kopfschmerzen bereiten würde. Wenn man so eine mentale Blockade hat, ist es oft das Beste, einfach loszulegen und zu sehen, wie es sich entwickelt. Das Beste wäre wohl, mit der Wahl des Holzes zu beginnen.

DAS HOLZ

Ich wählte ein Brett aus Ulmenholz aus, das schon einige Jahre in einem meiner Holzstapel gelegen hatte und nur auf das perfekte Projekt wartete – seine Zeit war endlich gekommen.

Die Dose sollte nicht zu groß werden, gerade so, dass sie gut in der Hand lag, aber auch groß genug war, um etwas sinnvoll hineinlegen zu können. Das Ulmenholz war 180 mm breit und 85 mm dick, sollte also leicht ein fertiges Werk mit einem Durchmesser von 150 mm und einer Höhe von 50 mm ergeben. Durch die Stärke von 85 mm könnte ich Maserung durch die Schachtel fließen lassen, was hübsch aussehen würde. Also schnitt ich als Erstes das Holz mit der Bandsäge zu einem Klotz und diesen quer durch. So erhielt ich ein Paar seitenverkehrter quaderförmiger Rohlinge, die ich dann zu runden Scheiben schnitt.

DESIGN

Dann zeichnete ich das Profil an. Ich ermittelte die Wandstärke, wie die beiden Hälften zusammenpassen würden, und zeichnete außen einen 50-mm-Kreis mit einem kleineren Kreis darin, was etwa 6 mm Wandstärke ergab. Auf dem Papier sah das durchaus brauchbar aus, also zeichnete ich es noch einmal an den Rand einer MDF-Platte (4 mm) und sägte es aus, um es als innere und äußere Schablone zu verwenden.

Zeichnung des Schalenprofils in Originalgröße.

Schablonen aus einer MDF-Platte.

DRECHSELN DER AUSSENSEITE

Ich bohrte mit der Standbohrmaschine durch die Mitte jedes Rohlings und spannte den ersten auf die Drehmaschine. Ich wollte zuerst die zurückgesetzte Seite bearbeiten, also richtete ich ihn aus, brachte ihn auf die richtige Dicke und zeichnete die Wölbung an. Der Dosendurchmesser von 150 mm ließ sich in drei gleiche Teile à 50 mm einteilen. Bei einem 50-mm-Loch in der Mitte konnte ich den höchsten Punkt (Scheitelpunkt der Kurve) bei 25 mm markieren.

Anzeichnen der Schale.

Formen des Donuts.

Einschnitt in die Mitte mit dem Abstecher.

Die Kurve in der Mitte ausarbeiten.

Prüfung mithilfe der Schablone.

Ich formte die Außenseite der Dose mit einem ziehenden Schnitt der Spindelröhre an der äußeren Rundung. Mit meinem Abstecher (4 mm) führte ich einen Einstechschnitt in die Mitte aus, gefolgt von einem drückenden Schnitt mit der Spindelröhre und Verfeinern mit dem Werkzeugflügel. Ich prüfte die Form regelmäßig mit meiner Schablone und verbesserte mein Werk, bis ich zufrieden war.

AUSHÖHLEN DER DOSE

Nachdem die Außenseite gedrechselt, aber nicht geschliffen war, drehte ich die erste Hälfte zum Aushöhlen um. Ich markierte die Wandstärke (6 mm), schnitt mit der Spitze meines Abstechers eine flache Rille und begann das Aushöhlen mit der Spindelröhre (die Schalenröhre hätte auch gepasst). Die innere Wölbung der Schale war recht eng, also erledigte ich möglichst viel mit der Röhre, bevor ich zum gebogenen Schaber mit negativer Fase wechselte. Leicht ziehend verfeinerte ich die Form, bis sie der Schablone entsprach.

Ich verwendete einen gebogenen Standardschaber (19 mm), dem ich die negative Fase angeschliffen hatte. Die Fasen solcher Schaber sind länger als die von Standardschabern, die oft bei ca. 80° liegen. Der Hauptunterschied liegt in der zweiten oberen Fase, ähnlich einem Flachmeißel. Ich schleife meine auf etwa 35° an beiden Fasen. Schaber mit negativer Fase sind viel leichter zu kontrollieren als normale Schaber und ermöglichen eine größere Bandbreite an Ansatzwinkeln. Während ein normaler Schaber mit hochgehaltenem Griff und nach unten gerichteter Spitze angesetzt werden muss, kann man den Schaber mit negativer Fase in fast jedem Winkel sicher ansetzen. Ich schärfe ihn mit meiner Schleifmaschine, entferne zuerst den Grat an der oberen Fase und schleife dann die untere Fase, um einen neuen zu schaffen. Dann ziehe ich einen HSS-Schärfstab in einem etwas höheren als dem Fasenwinkel über die Schneide, um den Grat zu polieren und zu verstärken – bereit für den nächsten Einsatz.

Bei diesem Werk habe ich noch zwei große Vorteile an meinem Schaber festgestellt. Der erste war, dass das Profil des Werkzeugs zufällig der Form des Doseninneren nahekam (das ich auch leicht hätte anpassen können). Der zweite war, dass ich ihn aufgrund seiner doppelten Fase einfach umdrehen und mit dem Grat auf der anderen Seite nacharbeiten konnte, um beide Seiten des halbrunden Profils im Doseninneren zu bearbeiten. Bei normalen Schabern hätte ich dafür zwei Werkzeuge benötigt.

Mit scharfem Schaber und leichtem Ziehschnitt lässt sich meist eine gute Oberfläche schaffen, aber manches Holz, wie diese Ulme, ist recht rau und man muss nachhelfen, damit es richtig glatt wird. Ich besprühte es großzügig mit Schleifversiegelung, die in die Fasern einzog und trocknete, um die Fasern zu stützen und einen saubereren Schnitt mit frisch geschärftem Werkzeug zu ermöglichen. Man sieht auf einigen späteren Fotos, wie die Versiegelung das Holz durchwirkte und sich auf der Außenseite als nasse Flecken zeigte, was aber kein Problem war, da sie sich leicht wegschleifen ließ.

Aushöhlen mit der Spindelröhre.

Polieren des Grats am Schaber mit negativer Fase.

Der Schaber mit negativer Fase passte zur Form der Schablone – ein glücklicher Zufall!

Ich konnte den Schaber zum Verfeinern sowohl der linken …

… als auch der rechten Seite der Wölbung verwenden.

Kontrolle mit der Schablone.

PASSFORM DER DOSE BEARBEITEN

Zufrieden mit der Form der Innenseite griff ich für die Aussparungen, an denen die beiden Hälften der Dose zusammenkommen würden, zu einem anderen Schaber mit negativer Fase (ehemals ein 10-mm-Rundmeißel) und rechtwinkligem Ende. Die Wände dieser Aussparung sollten absolut rechtwinklig und gerade werden, um das Schließen der Dose zu erleichtern. Dann schliff ich die Innenseite, bevor ich die andere Hälfte auf die Drehmaschine spannte und die bisherigen Schritte wiederholte. Der einzige wirkliche Unterschied war, dass ich diesmal mehr Holz an der Schaleninnenseite hervorstehen ließ, um den Zapfen für die Verbindung formen zu können.

Bei den meisten Behältern gibt es nur einen Zapfen; hier sind es zwei, was die Sache etwas verkompliziert. Vielleicht wäre für die nötige Reibung, um die Hälften zusammenzuhalten, auch nur ein Zapfen notwendig – und die Dose somit einfacher herzustellen, da ich zwei Versuche hätte?

Ich nahm der ersten Hälfte die ungefähren Maße der Zapfen ab und formte sie mit einer Kombination aus Spindelröhre und kleinem Negativschaber, sobald ich meinte, mich anzunähern. Ich schnitt die Zapfen erst konisch zu, passte sie allmählich an und näherte mich der perfekten Passform. Wie bei allen Behältern musste ich viel probieren und anpassen, bis ich schließlich zufrieden war.

Normalerweise würde ich beim Drechseln eines Behälters nun ein einigermaßen festes Klemmfutter herstellen, um die Oberseite fertigzustellen, und mich erst dann der Unterseite widmen, aber ich wusste, dass die herrlich glatten Rundungen dieser Donutdose mir keinen Halt boten, um die zwei fest verbundenen Hälften wieder zu trennen. Darum wollte ich sie so zusammenfügen, dass sie zwar etwas Reibung hätten, aber leicht zu trennen wären. Solange es noch ging, nutzte ich den Reitstock, um die Hälften zusammenzuhalten, und setzte ein paar leichte ziehende Schnitte mit meiner Spindelröhre an der Nahtstelle, um den perfekten Kurvenverlauf zu erhalten, bevor ich eine kleine V-Nut an der Verbindungslinie als Detail hinzufügte und möglichst weit herumschliff.

Schneiden der Aussparung mit dem Schaber mit negativer Fase.

Abnehmen der Zapfengröße von der anderen Hälfte der Dose.

Verbessern der Passform.

Glätten der Verbindung zwischen den beiden Hälften.

ABSTECHEN

Ich war zufrieden, wie gut die beiden Hälften zusammenpassten und wie perfekt sie ausgerichtet waren, also widmete ich mich dem Mittelloch. Ich befestigte die Hälfte mit den Zapfen mit der Innenseite zum Schraubfutter an diesem, arbeitete die Rundung in der Mitte aus und überprüfte meinen Fortschritt regelmäßig mit der Schablone. Als ich mit der Kurve zufrieden war und nur noch wenige Millimeter Holz das Ganze zusammenhielten, schliff ich den letzten kleinen Bereich und bereitete das Abstechen vor. Dazu schnitt ich mit meinem dünnen Abstecher in die Mitte. Ich hielt das Werkstück mit der freien Hand, und als es sich löste, fiel es einfach hinein.

Bearbeitung der Mitte mit verklebten Hälften.

Abstechen der Schale von der Nabe.

Ich spannte die andere Hälfte mit der Innenseite zu mir in das Schraubfutter und setzte die andere, nun abgetrennte Hälfte darauf. Ich verklebte die Außenseiten mit Malerkrepp, um die Dose beim Drechseln der Mitte zusammenzuhalten, und achtete darauf, das Band in der richtigen Richtung abzuwickeln, damit es sich beim Drehen nicht löste. Das funktionierte gut, sodass ich die Rundung in den Holzrest in der Mitte fortsetzen und sicher sein konnte, dass ich gleichmäßig über die Naht auf der Innenseite arbeitete. Es folgte ein letzter Schliff zum Glätten und Angleichen.

Zuletzt entfernte ich das Klebeband, trennte die Hälften und drehte den Teil auf dem Schraubfutter um, sodass die Innenseite nun zu diesem zeigte. Ich arbeitete wie bei der anderen Hälfte die Rundung aus und schliff sie vor dem Trennen. Planmäßig sollte bei dieser Hälfte nur ein winziger Bereich übrigbleiben, der eine Verbesserung von Hand oder mit einem anderen Klemmfutter benötigte.

Als ich diese Hälfte von der Nabe trennte, klang etwas nicht ganz richtig. Sie fiel mir ebenso in die Hand wie die andere, aber bei genauerem Hinsehen stellte ich fest, dass ich mich verrechnet haben musste: Ich hatte unten in die Aussparung geschnitten und der Zapfen war abgebrochen – in der inneren Verbindung war eine große und unansehnliche Lücke!

Die Hälfte mit den Zapfen sah gut aus.

Katastrophe! Der Abstechschnitt lag zu nah an der Aussparung.

Beim Zusammensetzen der Dose sah man die unansehnliche Lücke.

Ich musste mir also etwas einfallen lassen. Zuerst wollte ich sehen, ob ich es reparieren könnte, aber da war einfach nicht mehr genug Holz, um es zu verleimen. Kurz überlegte ich, ob ich das Ganze nicht so fotografieren sollte, dass die Problemstelle nicht zu sehen war, aber das wäre Betrug und nicht der Sinn dieser Herausforderungen, die mich testen sollten, um zu sehen, wie ich mit solchen Problemen umgehe. Also traf ich die Entscheidung, von der ich tief im Inneren wusste, dass sie die einzig richtige war: Ich musste mindestens die Hälfte der Schale neu herstellen.

HERSTELLUNG DES NEUEN TEILS

Mir fehlte die Zeit, noch einmal von vorn anzufangen, und bei einer neuen Hälfte aus Ulme hätte vielleicht die Maserung nicht gepasst, darum entschied ich mich bei der neuen Hälfte für ein kontrastierendes Holz. Ich durchstöberte meinen Holzfundus und fand ein Stück Walnussholz, das genau die richtige Größe hatte. Es bildete einen starken Kontrast zur Ulme, denn es war glatt und schokoladig im Gegensatz zur groben, offenporigen Maserung der Ulme, aber was hatte ich noch zu verlieren?

Ich schnitt das Nussholz zu einer Scheibe, bohrte ein Loch in die Mitte, drechselte wieder mithilfe der Schablone die Außenseite und drehte es dann zum Aushöhlen der Innenseite um. Um meinen Fehler nicht zu wiederholen, beließ ich die Innenwand etwas dicker und beschloss, beim Abstechen etwas mehr Holz stehenzulassen und später zu überlegen, wie ich weiter verfahren würde.

Ich setzte die Aussparungen und passte die Ulmenholzhälfte an, bis die Teile perfekt zusammenpassten und ringsum gerundet waren. Ich schliff die Innenseite und beschloss, das Werk von innen abzustechen, damit ich den Bereich, den ich beim letzten Mal durchschnitten hatte, gut sehen konnte. Erneut benutzte ich den Abstecher, hielt das Werkstück mit der freien Hand, und es sprang einfach ab.

FERTIGSTELLUNG

Da ich dieses Mal vorsichtiger war, musste ich die neue Hälfte stärker bereinigen, aber die beiden Teile passten gut zusammen. Ich brauchte nur eine Möglichkeit, sie zum Verfeinern der Rundungen und für eine saubere innere Verbindung halten zu können. Ein Klemmfutter wäre geeignet, solange sicher war, dass die Dose sich am Ende leicht wieder herausnehmen ließe, weshalb mehr Malerkrepp eine gute Option war.

Als ich sie in der Hand hielt, fiel mir allerdings etwas auf: Der Durchmesser der Aussparung entsprach in etwa der Größe der Standard-C-Klemmen meines Futters. Ich zückte meine Schublehre und stellte fest, dass er sich mit 56 mm perfekt zum Einspannen eignete: Dieses würde das Werk mit einem Minimum an Druck sicher halten und somit keine Spuren auf der Dose hinterlassen.

So klemmte ich die Walnusshälfte ins Futter, das die Innenseite der Aussparung fasste, und gelangte nun überall an die Oberfläche der Hälfte. Ich konnte den durch

Arbeit an der neuen Walnusshälfte.

Abstechen, aber mit mehr Holz in der Mitte.

Die Aussparung in der Hälfte passte perfekt auf mein Spannfutter.

So hatte ich vollen Zugang zur Oberfläche.

das Abstechen entstandenen rauen Bereich leicht glätten und die Hälfte dann ganz einfach abnehmen und auf den Ulmenteil legen, um die Mittelverbindung zu perfektionieren, die anfangs eine leichte Stufe bildete.

Ein paar Versuche später war ich zufrieden und schliff die Walnusshälfte so wie den Rest. Um das Projekt abzuschließen, versah ich die gesamte Dose mit drei Schichten seidenmatten Hartwachsöls.

Dies war die erste Herausforderung, die schief ging und bei der ich Schwierigkeiten hatte, mir alle Schritte des Prozesses vorzustellen. Aber ich glaube, das zeigt, dass logisches Vorgehen und möglichst gute Vorausplanung selbst dann zum Erfolg führen, wenn Pannen passieren.

Die fertige Donutdose.

Schatulle mit Lochfräsmuster

Bei dieser Gelegenheit sollte ich mich am Lochfräsen versuchen, einer weiteren Technik, die ich noch nie probiert hatte. Mir wurde eine Spezialmaschine geliefert – eine Mikrobohrmaschine „Marathon N8 Hi-Torque 45K“, die mir John Wood von WoodArt Products netterweise zur Verfügung stellte. Hier würde es sicher eine steile Lernkurve geben und ich einige Übung brauchen, bis ich ein Projekt angehen konnte, aber was sollte es werden? Ich könnte eine Platte mit breitem Rand oder eine kleine Hohlform drechseln und sie nach einem Zufallsmuster durchlöchern, aber das gab es schon so oft, und ich war nicht sonderlich begeistert davon. Ich brauchte Inspiration.

RECHERCHE UND INSPIRATION

Meine Künstlerfreunde sagen immer, dass Inspiration überall sei und man nur üben müsse, sie zu sehen. Ich wusste, dass ich lieber ein Muster als eine zufällige Ansammlung an Löchern fräsen wollte, aber dazu musste ich zuerst eines finden, auf dem ich aufbauen konnte.

John von WoodArt Products hatte mir zum Mikrobohrer eine informative E-Mail geschickt, in der er mir den Gebrauch erklärte und einige praktische Tipps gab. Er nannte das Bohren „Filigranarbeit". Ich kannte den Begriff zwar, hatte ihn aber nie damit in Verbindung gebracht. Eine Online-Bildersuche nach „Filigrandrechseln" lieferte viele Denkanstöße.

Die eigentliche Inspiration kam jedoch aus der nahen Umgebung – von meinem Sohn, der damals neun Jahre alt und von Schiffen im Allgemeinen und der „Titanic" im Besonderen fasziniert war. Er sog alles, was er zu diesem Thema lesen und anschauen konnte, auf wie ein Schwamm – so wunderbar, wie es nur ein Kind in diesem Alter kann. Er liebte es, mir alles zu erzählen, was er gelernt hatte, und während einer solchen Geschichtsstunde stach mir ein Bild in einem seiner Bücher ins Auge: Über der großen, wohlbekannten Treppe für die „Titanic"-Passagiere der 1. Klasse befand sich eine riesige Glaskuppel mit einem verschlungenen Muster in der Verglasung. In meinem Kopf machte es klick, und ich schickte meinen Sohn los, um das bestmögliche Bild der Glaskuppel zu finden. Augenblicke später präsentierte er mir einige fantastische Bilder, und mein Projekt stand fest. Leider kann ich die Bilder aus banalen Urheberrechtsgründen nicht hier zeigen, aber Sie finden sie leicht online. Das sich wiederholende Muster auf der Titanic-Kuppel war komplex – viel zu komplex für mich, um es in Holz nachzubilden –, aber es diente als Ausgangspunkt für Vereinfachung.

Ich liebe den Jugendstil, der bereits Andeutungen des Art déco enthielt, der in den 1920er- und 1930er-Jahren folgte. Die wichtigsten Laubhölzer auf der Titanic waren Eiche und Teak. Eiche war kein Problem, aber Teak bekommt man heutzutage nicht mehr ohne Weiteres. Walnuss ist dicht gemasert, lässt sich gut mit Eiche kombinieren und war eine gute Option. Im Zweifel könnte ich es immer noch schwarz besprühen, um das Schmiedeeisen zu imitieren, das überall auf dem Schiff zu finden war. Ich wollte darum eine hohe Schatulle aus Eiche mit einem Deckel aus Walnuss anfertigen, dessen Muster an die Kuppel auf der „Titanic" erinnert.

ÜBUNG

Vor dem eigentlichen Projektstart experimentierte ich mit dem Bohren verschiedener Formen in 3 mm dicke furnierähnliche Scheiben aus Ahorn, Tulpenbaum und Walnuss. Derart eng gemaserte Hölzer sind für solche Arbeiten viel einfacher zu handhaben als offen gemaserte wie Esche oder Eiche, und da ich für das Projekt Walnuss im Auge hatte, war es sinnvoll, es zumindest für einige meiner Übungen zu verwenden. Bei den Fräsarbeiten, die ich gesehen hatte, wurden oft ziemlich zufällige Pfützenformen gestaltet – vermutlich, weil das relativ einfach ist und man schnell ein scheinbar zufälliges Muster erzeugen kann. Ich arbeitete einige solche Löcher aus, was schnell recht gut gelang, aber ich hatte keine große Lust auf diese Form.

Dann zeichnete und fräste ich einen Stern. Ich hatte gelesen, dass man für die bestmögliche Kontrolle wie mit einer Oberfräse im Uhrzeigersinn arbeiten solle. Der Stern war interessant, weil er kreuz und quer durch die Maserung verlief, sodass einige Schnitte leichter zu kontrollieren waren als andere. Ich hatte bei der Arbeit quer zur Maserung mehr Kontrolle als in Maserungsrichtung, wo der Fräser manchmal aus der Spur zu wandern schien.

Zufälliges, frei geformtes Lochmuster.

Mein erster Stern und Kreis und einige andere Zufallsformen.

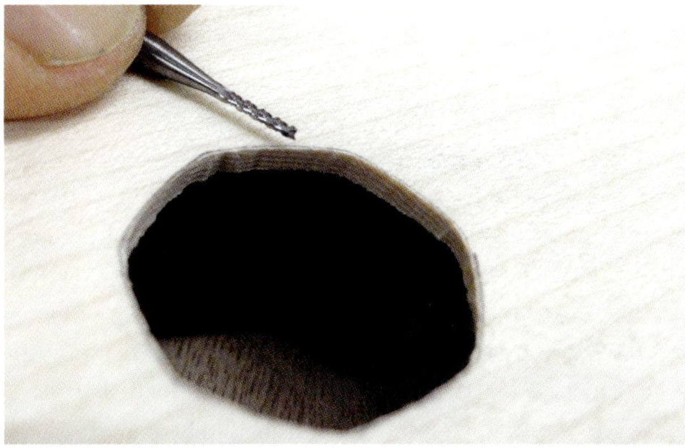

Das Muster, das der Fräser hinterlassen hat.

Die 50-Pence-Münze passte in das Loch.

Ein weiteres Experiment mit einer 10-Pence-Münze.

Herumprobieren mit verschiedenen Formen.

Ich gestaltete noch ein paar zufällige Formen und stellte fest, dass der Vorgang ein wenig dem Ausmalen mit einem Buntstift ähnelte. Solange es eine Linie gab, an der ich mich orientieren konnte, konnte ich den Fräser vorsichtig und sanft an der Linie entlanggleiten lassen und so ziemlich jeder Linie folgen, die ich wollte.

Der Stern basierte auf einer sehr groben Skizze, daher war das Ergebnis auch ungenau. Beim nächsten Versuch wollte ich präziser sein. Ich zeichnete mit einem Zirkel einen Kreis und sägte ihn aus. Der erste Grobzuschnitt war einfach: Ich arbeitete im Uhrzeigersinn und weit innerhalb der Linie, und die Mitte fiel schnell aus dem Holz heraus. Dann folgte ich der Linie. Ich war mit dem Ergebnis recht zufrieden, merkte aber, wie wichtig es war, den Fräser senkrecht zu halten: An einigen Stellen war die Seite etwas unterschnitten.

Das Muster im Holz war interessant. Der Fräser hatte einige Linien in den Rand des Holzes geritzt, die deutlich zeigten, wie so ein Gerät arbeitet. Ich fühlte mich jetzt sicherer und bereit für eine kompliziertere Form, also zeichnete ich eine 50-Pence-Münze nach und wiederholte den Vorgang. Sie passte gut und sauber in das Loch.

Das Gleiche machte ich mit einer 10-Pence-Münze, und obwohl der Kreis deutlich schwieriger war, fiel das Ergebnis passabel aus. Beim Ausschneiden der Münzformen kam ich als sehr praktisch veranlagter Mensch sofort auf die Idee, diese Technik für einen Schaukasten für Sammlermünzen, Medaillen oder Ähnliches zu nutzen.

WENN DIE FRÄSER BRECHEN

John warnte mich per Mail vor mehreren Fällen, in denen die Fräser brechen könnten:

1. Wenn der Fräser nicht im rechten Winkel zum Werkstück eingeführt wird, kann er vibrieren und brechen.
2. Sägt man gegen den Uhrzeigersinn, kann der Fräser auskommen, das Loch abrunden, vibrieren und brechen.
3. Wenn bei der Arbeit zu viel seitlicher Druck ausgeübt wird, kann der Fräser brechen.

Bei meinen Experimenten passierte nichts davon. Aus reinem Interesse wollte ich herausfinden, wie leicht ein 1-mm-Fräser bricht. Ich setzte die Löcher schräg an, aber das machte keinen Unterschied. Dann begann ich, die Löcher zu vergrößern, indem ich den Handgriff zunächst leicht, dann immer stärker kippte. Nichts.

Ich musste mich ziemlich anstrengen, um den Fräser abzubrechen.

Dann schnitt ich einige Linien ins Tulpenbaumholz, erst langsam, dann schneller und etwas aggressiver. Schließlich brach der Fräser ab. Nicht dramatisch oder gefährlich – das untere Ende blieb einfach im Holz stecken, während ich den Handgriff weiterbewegte, und ich bemerkte es erst, als der Schnitt nicht weiterging.

Als Ergebnis dieses Tests kann ich bezeugen, dass ein Fräser bei der Verwendung mit 3 mm dickem Holz nicht brechen sollte, sofern man keine Gewalt anwendet. Ich kann mir vorstellen, dass dies bei dickerem Holz leichter passiert, da die Kräfte, die auf den Fräser wirken, mit der Dicke des Holzes zunehmen, aber ich wusste gleich, dass das Holz dünn sein sollte, und John bestätigte, dass es idealerweise dünner als 4 mm sein sollte.

DRECHSELN DER KUPPEL

Nach dem Üben verschiedener Formen war es Zeit, zu beginnen. Meine erste Aufgabe lag in der Wahl eines passenden Stücks Walnuss. Ich wollte meinen Rohling aus einem 75 mm dicken Stück zuschneiden und dachte, eine Halbkugel wäre hübsch, auch wenn das vom Original abwich. Ein Spindelrohling schien mir geeigneter als ein Schalenrohling mit quer verlaufender Maserung, da das Hirnholz nach dem Fräsen stärker sein sollte.

Ich fertigte Schablonen auf einer 3 mm dicken MDF-Platte an, indem ich einen Halbkreis für den äußeren Bogen aufzeichnete. Dann stellte ich meinen Zirkel um 3 mm zurück, um die Dicke des Holzes zu berücksichtigen, und zeichnete einen weiteren Halbkreis für den inneren Bogen. Die erste Crux war das Drechseln einer perfekten Halbkugel mit einer gleichmäßigen Wandstärke von 3 mm.

Ich spannte das Walnussholz in das Futter und begann, das Innere entsprechend der Schablone zunächst mit meiner Spindelröhre und dann mit meinem gebogenen Schaber mit Negativfase, der auf dem Hirnholz schöne, lange, feine Späne erzeugte, zu schneiden. Als ich mit der Innenform zufrieden war, schliff ich das Stück (Körnung 320) und drehte es um.

Ich drechselte aus Restholz eine grobe Kuppel mit abgestufter Basis, die genau jener der Walnusskuppel entsprach, die bequem darüber passte. Dies war kein richtiges Klemmfutter, da ich dachte, dass die endgültige Dicke von 3 mm das nicht aushalten würde, aber es passte genau. Die Körnerspitze wurde herangefahren, um alles in Position zu halten, während ich die Außenseite der Kuppel drechselte. Ihre Form basierte größtenteils auf der Schablone, aber ich prüfte die Genauigkeit der Wandstärke auch mit meinem Greifzirkel mit Messskala. Dies war deshalb entscheidend, weil man einen zu dicken Wandabschnitt nicht mehr verstecken konnte, wenn die Kuppel einmal durchbohrt sein würde. Nach mehrmaligem Prüfen und Anpassen stimmte mein Werk mit der Schablone überein und hatte gleichmäßig 3 mm dicke Wände.

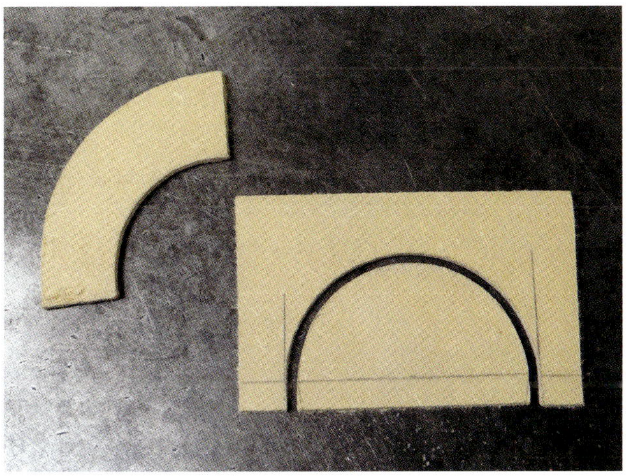

Die MDF-Schablonen für die Kuppel.

Aushöhlen der Kuppel.

Kontrolle mit der Schablone.

Drechseln der Kuppeloberseite.

Die Kuppel wird über einen Holzrest im Spannfutter geschoben.

Vergleich mit der Schablone.

Der Greifzirkel bestätigt eine Wandstärke von 3 mm.

ANZEICHNEN DER KUPPEL

Wie gesagt empfand ich das Lochfräsen ein wenig wie das Ausmalen eines Bildes: Solange es eine Linie gab, an der ich arbeiten konnte, konnte ich mit dem Werkzeug leicht an ihr entlangsägen. Dies bedeutete, dass es unglaublich wichtig war, das Muster genau anzuzeichnen, damit das funktionierte. Ich skizzierte eine sehr einfache Version der Kuppel mit den gotischen Rundbögen und ovalen Flächen des Originals sowie zusätzlichen vertikalen Linien. Das wäre eine Hommage an das Original, bliebe aber – hoffentlich – im Rahmen meiner Fähigkeiten. Ich befestigte meinen Teilapparat an der Drehmaschine und machte mich an das Zeichnen der Fensterunterteilungen. Meine erste Skizze ergab, dass acht Flächen gut passen würden. Ich stellte den Teilapparat so ein, dass er jedes vierte Loch des 36-teiligen Lochrings verwendete, um neun Abschnitte zu erhalten. Ich legte die kürzere, gebogene MDF-Schablone auf die Werkzeugauflage und zeichnete meine Bleistiftlinie an ihr entlang. Manchmal wird die Bleistiftlinie nicht schnurgerade, wenn man nur die gerade Werkzeugauflage verwendet.

Ich war mit dem Ergebnis soweit zufrieden, merkte aber gleich, dass es mehr als neun Linien waren. Bei der Prüfung meines Aufbaus bemerkte ich, dass ich versehentlich den Ring mit 48 Löchern verwendet hatte und die Verwendung jedes vierten Lochs zwölf Abschnitte erzeugt hatte. Ich betrachtete das Ganze für einen Moment und entschied zwei Dinge: Erstens hätten neun Flächen sowieso nicht funktioniert, da ich für die abwechselnde Platzierung der ovalen Aussparungen eine gerade Zahl brauchte, und zweitens sahen die zwölf eigentlich ganz gut aus.

Als ich es durchdachte, fiel mir plötzlich auf, dass ich zwar eine Linie hatte, die die Mitte in der Senkrechten anzeigte, aber dass diese auch eine gewisse Dicke haben musste. Ich entschied, dass 3 mm passten – das war teils aus der Luft gegriffen, teils beruhte es auf der Wandstärke von 3 mm.

Mit meinem kleinen Stahllineal und einem spitzen Bleistift markierte ich gewissenhaft 1,5 mm auf jeder Seite meiner Linien. Dann zeichnete ich sie erneut mithilfe der MDF-Schablone an.

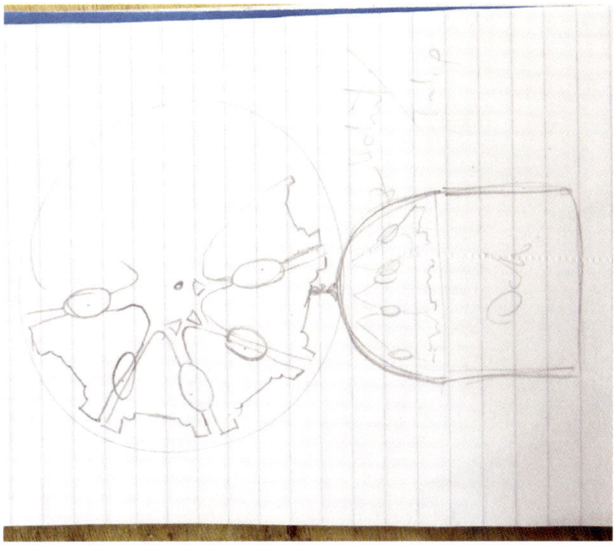

Skizze der Vorlage für die Kuppel.

Anzeichnen mit meinem Teilapparat.

Hinzufügen zusätzlicher Linien.

DIE OVALEN FLÄCHEN

Nun, da die zwölf senkrechten Linien angezeichnet waren, waren die ovalen Flächen an der Reihe. Ich schnitt eine Schablone aus dünnem Karton aus, schätzte die Kuppel ab und entschied mich für 18 mm Höhe und 10 mm Breite. Mit der Kuppel auf der Drehmaschine zeichnete ich die obere und untere Linie im Abstand von 18 mm an, um die Schablone zu positionieren.

Ich faltete den Karton in vier Teile, um für ein schönes Oval nur eine gute Kurve schneiden zu müssen, die sich nach dem Entfalten wiederholte. Außerdem brachte mir das Falten eine gerade vertikale Linie auf dem Papier ein, die mit der Linie auf der Kuppel übereinstimmte, was das Ausrichten und Halten der Schablone erleichterte, während ich um diese herumzeichnete. Natürlich war auch der Umriss dieser Schablone wie bei den Vertikalen zuvor nur eine Mittellinie, also musste ich wieder um jede dieser Linien herumarbeiten, indem ich die 3 mm Dicke zur Linie ergänzte, an der ich schneiden musste. Als ich endlich mit dem Anzeichnen fertig war, war ich zwar zufrieden, aber fragte mich auch, wie viel Arbeit ich mir mit diesem Lochmuster wohl aufgehalst hatte.

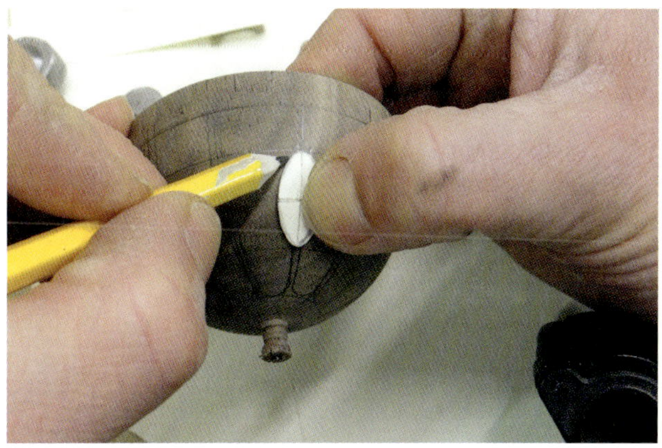

Anzeichnen der ovalen Flächen mit der Papierschablone.

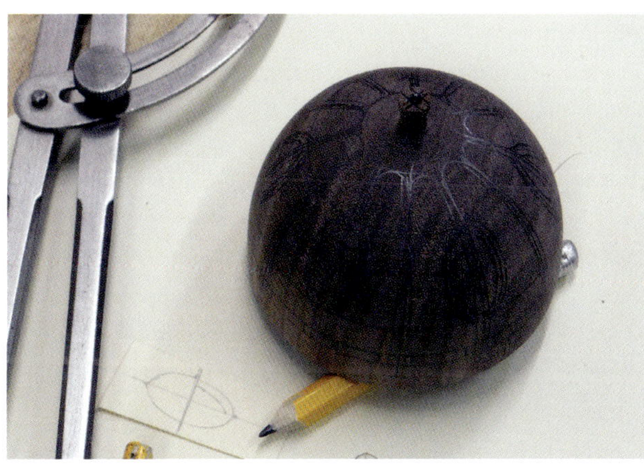

Alles ist markiert und bereit für das Lochfräsen.

Übungsschnitte setzen.

Genug geübt – bereit für den nächsten Schritt.

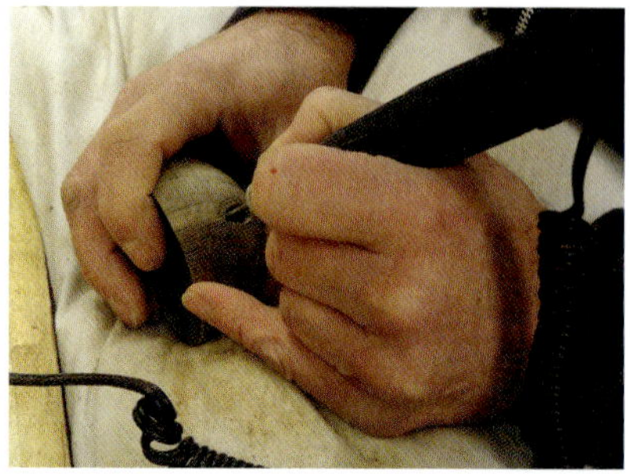

Ausfräsen der ovalen Flächen.

Ein Rasierpinsel ist praktisch zur Staubentfernung.

Die fertigen ovalen Fensteröffnungen.

LOCHFRÄSEN

Ich wollte nochmal üben, bevor ich mit der Kuppel anfing, also suchte ich ein dünnes Stück Ahorn und zeichnete den hohen gotischen Bogen und ein Oval an. Das Durchbohren verlief nach Plan und überzeugte mich, dass es auch auf der Walnusskuppel gut funktionieren würde.

Dies war das erste Mal, dass ich auf einer gebogenen Oberfläche arbeitete, und auch wenn das beim Schneiden selbst keine große Sache war, war das Halten schon schwieriger. Zuvor hatte ich immer einen Klotz auf der Werkbank bearbeitet, aber das war hier ungeeignet. John hatte erwähnt, dass manche Menschen das Werkstück auf ein Polster auf ihrem Schoß legen. Das schien mir sinnvoll, also nahm ich ein altes Kissen und machte mich ans Werk.

Ich saß auf meinem Werkstatthocker vor meiner Werkbank. Das Netzgerät lag zusammen mit der Handstückablage auf der Werkbank. Ich benutzte nicht das Fußpedal, sondern einfach den Netzschalter. Ich hatte mein Kissen auf dem Schoß und alles, was ich brauchte, in Reichweite. Das Gerät war mit drei Fräsern geliefert worden: 1 mm, 1,2 mm und 1,5 mm. Der Unterschied war nicht sehr groß – während meiner Übungen hatte ich alle ausprobiert. Für das endgültige Projekt entschied ich mich für den 1,2-mm-Fräser, da ich mit ihm gut zurechtgekommen war.

Ich begann mit dem Schneiden der ovalen Flächen. Der Fräser drang leicht in das Holz ein, und ich schnitt ein großes Mittelloch aus, das ich im Uhrzeigersinn vergrößerte, bis ich mich der Bleistiftlinie näherte, an die ich mich vorsichtig herantastete. Ich orientierte mich zwar an der Linie, behielt aber das Ganze im Blick. Gelegentlich nahm ich Anpassungen vor, um die Form zu perfektionieren.

Ich stützte meine Unterarme auf das Kissen und hielt die Kuppel sanft in der rechten Hand, während ich mit dem Handstück in der linken Hand arbeitete (ich schreibe mit links). Der kleine Finger meiner linken Hand half erstaunlich gut beim Stabilisieren. Ich passte auf, wo die Finger meiner rechten Hand waren, damit sie nicht versehentlich an den Fräser gerieten, und benutzte während der Arbeit einen alten Rasierpinsel, um Staub und Späne wegzufegen.

Nach dem Ausschneiden der sechs ovalen Fensteröffnungen machte ich mich an die größeren. Ich entfernte jeweils den größten Teil der Mitte und arbeitete mich dann zu den Linien vor. Das ist eine dieser Arbeiten, die man nicht überstürzen darf; sie dauert eben so lange, wie sie dauert. Jedes Fenster brauchte etwas mehr als zehn Minuten; eine schnelle Kopfrechnung sagte mir, dass ich also etwa zwei Stunden brauchen würde. Ich kenne zwei Möglichkeiten, Arbeiten wie diese zu betrachten – man kann sie langweilig finden und sich bis zum Ende durchbeißen oder sich entspannen und den Prozess genießen.

Letzteres ist der Weg zu den besten Ergebnissen. Es ist viel besser, sich zu entspannen und den Prozess zu

Arbeit an den größeren Fenstern.

Glätten der Ränder.

EIN GEBROCHENES FENSTER

Beim vorletzten Fenster passierte mir ein kleiner Ausrutscher. Ich weiß nicht, ob es eine kurze Unaufmerksamkeit war oder ich den Fräser falsch aus dem Holz genommen habe, aber die Spitze sauste über die Oberfläche, kreuzte meine Bleistiftlinie und schnitt etwa zur Hälfte in eine senkrechte Stange. Ich musste mich entscheiden: Wegwerfen und neu anfangen oder auffüllen und weitermachen? Eine Auftragsarbeit für einen zahlenden Kunden hätte ich nun entsorgt, aber da es sich letztlich um ein Lern- und Versuchsstück handelte, wollte ich es reparieren. Ich schnitt ein Stück von einem dunkelbraunen Korrekturwachsstift ab und legte es zum Aufweichen ein paar Minuten auf die Heizung (es war Dezember bei etwa 12 °C in der Werkstatt). Ich knetete es zwischen den Fingern, arbeitete es in den Riss ein und schnitt den Überstand mit einem scharfen Meißel weg. Nach dem Ölen sollte die Füllung kaum zu sehen sein, aber ich würde immer wissen, dass sie da war.

genießen – die Zeit vergeht schneller, die Ergebnisse werden besser und die ganze Arbeit macht mehr Spaß.

Ich fand diese Arbeit für meine Hand und meinen Arm anstrengender als Schreiben. Das Handstück wiegt zwar nicht viel, ist aber schwerer und sperriger als ein Stift, und die Bewegungen beim Aussägen und Verfeinern der Formen sind für die Muskeln anstrengender. Darum musste ich immer wieder pausieren, um meine Hand zu entspannen und die Unterarmmuskeln zu dehnen, die mich deutlich spüren ließen, dass ich an diese Arbeit nicht gewöhnt war.

Nachdem ich jedes Fenster ausgeschnitten hatte, benutzte ich den mit 240er-Schleifpapier umwickelten Stiel eines Lollis, um die Schnittflächen zu glätten. Ich war dabei sehr vorsichtig, und obwohl sich die übrigen Teile etwas bogen, brach nichts.

Mein Missgeschick.

Aufgefüllt mit Wachs ...

Staub entfernen.

... sollte es nach dem Ölen gut aussehen.

Die zur Probe zusammengesteckte zweiteilige Zierspitze.

DIE ZIERSPITZE

Die Originalkuppel lag unter einem Gitter auf dem Deck der „Titanic", hatte also keine Zierspitze, und auf den Bildern schien von ihrer Innenseite ein gläserner Leuchter zu hängen. Für einen Behälter fand ich es jedoch sinnvoll, etwas zu ergänzen, um den kuppelförmigen Deckel abnehmen zu können. Mit einer Stärke von 3 mm war dieser zu dünn, um einen Zapfen zu bohren und einzukleben, also bohrte ich mit der Standbohrmaschine und einem 6-mm-Holzbohrer direkt durch die Mitte der Kuppel – das war nervenaufreibend – und fertigte die beiden Zierspitzenteile so an, dass auf der Kuppelinnenseite eine Tropfenform entstand. Ich schnitt ein Stück Eiche zu und drechselte die beiden Teile. Das obere Ende hatte einen Zapfen, das untere ein Loch mit jeweils einem Durchmesser von 6 mm, und die beiden Teile wurden durch das Loch oben in der Kuppel zusammengeschoben.

Verleimen.

Die in die Kuppel eingepasste Zierspitze.

DRECHSELN DER SCHATULLE

Die Schatulle selbst war ein Zylinder aus Eichenholz. Ich überlegte, ob ich ihn weiter gestalten sollte, wollte aber den Fokus auf die Kuppel mit dem Lochmuster legen. Die Dose sollte hoch werden, damit die Kuppel eine gewisse Höhe erreichte, wie das Original. Etwas mehr als 100 mm wirkten gut.

Die nächste Frage war, wie stark ich die Dose aushöhlen wollte. Als Praktiker wollte sie bis zum Boden aushöhlen, um sie verwenden zu können, aber sie würde nie benutzt werden, also wollte ich eine Halbkugel schneiden, die der Kuppel entsprach. Um genau zu arbeiten, fertigte ich eine neue Schablone an – schwer und stabil und eher den Eichenholzspindeln der großen Treppe und der soliden Beschaffenheit des Schiffs unter der Kuppel entsprechend. Künstlerisch interpretiert könnte die filigrane Kuppel die Zerbrechlichkeit eines Schiffs auf dem riesigen

Aushöhlen der Schatulle.

Prüfen der Innenform mit einer weiteren Schablone.

Ölen der Kuppel.

Ozean und des Lebens an sich darstellen, aber das wäre wohl etwas pompös.

FERTIGSTELLUNG

Ich passte die Kuppel sehr locker an den Unterteil an, damit sie sich leicht mit den Fingerspitzen abnehmen ließ. Das Ganze versiegelte ich mit drei Schichten Hartwachsöl, das ich mit einem Pinsel auf die Kuppel auftrug; ich achtete genau darauf, Überschuss abzuwischen, damit nirgendwo eine Öllache entstand.

Ich war mit dem Resultat zufrieden und fand, es sei zumindest eine Anspielung auf die Kuppel des berüchtigten Schiffs. Einige Kanten an den Öffnungen sind nicht so glatt, wie ich sie gern hätte – das ist aber Übungssache. Ich habe keine Zweifel, dass diese Dose in den Händen eines Lochfräserfahreneren höheres Niveau erreichen würde, aber für mein erstes Fräsprojekt war ich zufrieden. Die Schatulle steht jetzt auf dem Schreibtisch meines Sohns als Erinnerung an die Zeit, in der er von der „Titanic" besessen war.

Die fertige Schatulle.

Mehrachsiges Kästchen

Drechseln mit mehreren Achsen bedeutet, dass ein Werkstück während des Drechselns an mehr als einem Punkt zentriert wird. So lassen sich fantastische Formen herstellen. In meinen Anfangsjahren, als das Drechseln nur ein Hobby war, hatte ich diese Technik nie ausprobiert – einerseits weil sie mir kompliziert vorkam, andererseits weil mich andere Bereiche mehr interessierten. Im Beruf war ich noch nie mit einem solchen Werk beauftragt worden, also war sie unerforschtes Terrain geblieben. Dank dieser Herausforderung konnte ich endlich mit dieser Technik experimentieren und sehen, was dabei herauskommen würde.

DIE THEORIE

Mehrachsiges Drechseln an sich ist nicht besonders schwierig – der schwierige Teil ist das Erarbeiten der Form, die durch das Bewegen und Verschieben des Werkstücks zwischen mehreren Mittelpunkten entsteht. Dieser Teil bereitete mir schon immer Kopfschmerzen. Ich wollte zwei verschiedene Arten des mehrachsigen Drechselns erforschen, vereint in einem einzigen Behälter. Ich rechnete damit, mehrere Versuche zu brauchen, um die besten Befestigungspunkte zu finden und die gewünschten Ergebnisse zu erhalten, aber ich war hoffnungsfroh, es zu schaffen.

INSPIRATION

Wer sich damit befasst, trifft unter den Pionieren des mehrachsigen Drehens vor allen anderen auf einen Namen: Jean-François Escoulen. Auf der Suche nach Inspiration in einem Themenbereich sollte man sich immer an dessen Meistern orientieren, und Escoulens Werk ist genau das. Ich weiß noch, wie ich 2009 bei einer seiner Vorführungen auf einem Holzwerkerseminar war und sah, wie er sich mit einem kleinen mehrachsigen Korkenziehergriff „aufwärmte". Der wirkte so simpel und komplex zugleich und war auch noch perfekt ergonomisch geformt. Zufällig war auf demselben Seminar auch der norwegische Drechsler Petter Herud, der eine Kiste mit facettierten Seiten schuf und dabei eine ähnliche und doch andere mehrachsige Technik verwendete; das hat mich sehr beeindruckt. Daran erinnerte mich mein Instagram-Freund Chris Hoehle aus den USA, der mit ähnlicher Technik eine Schachtel hergestellt hatte und mich im richtigen Moment damit anregte.

Meine Notizen aus dem Seminar waren längst verschwunden, also galt das Prinzip von Versuch und Irrtum, bis die Techniken zu dem Bild in meinem Kopf passten. Ich notierte und skizzierte meine Idee, die auf der genannten Inspiration beruhte. Ein Kästchen mit „rechteckig gedrechselten" Seiten, gedreht an fünf verschiedenen Zentrierpunkten, mit gewölbtem Deckel und einer Zierspitze aus kontrastierendem Holz, das ebenfalls an mindestens zwei Punkten gedrechselt werden und die Technik auf andere Weise anwenden sollte.

GESUNDHEIT UND SICHERHEIT

Ich benutze eine „Wadkin RS8" von 1950, eine sehr große, gusseiserne und etwa 750 kg schwere Maschine, die große Versätze ermöglicht, ohne Vibrationen zu er-

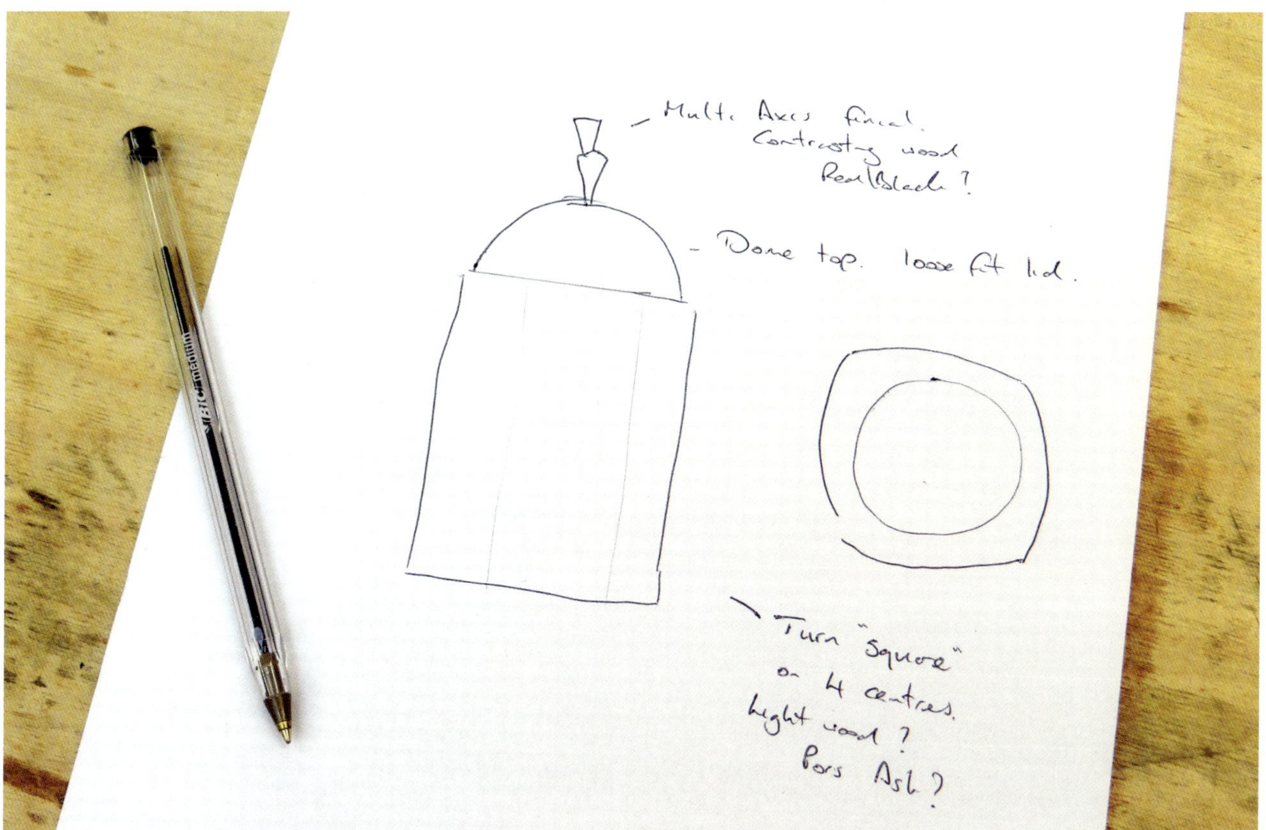

Meine Skizze des geplanten Designs.

zeugen. Diese Art von Versatz kann auf einer kleinen oder mittleren Drehmaschine gefährlich werden und zu starken Vibrationen führen. Ich empfehle, mit geringerem Versatz und anfangs niedriger Drehzahl zu beginnen, um sie dann zu steigern, bis Sie sich wohlfühlen und die Drehbank sauber läuft. Ich verwende für maximale Unterstützung während des Drechselns außerdem ringförmige Spitzen zum Antrieb und Abstützen vom Reitstockende aus.

EXPERIMENTE

Es lag nahe, mit dem Unterteil des Kästchens zu beginnen. Ich musste nur vier gleichmäßig verteilte Mittelpunkte finden, die nach dem Drechseln ein Quadrat ergaben. Wie immer ritzte ich mit meinem Streichmaß ein Kreuz in die Enden des Rohlings, um den wahren Mittelpunkt zu finden. Dabei wurde mir klar, dass ich nur entlang dieser Markierungen vier gleich weit vom Mittelpunkt entfernte Stellen ausmessen musste, um die gesuchten Punkte zu finden, aber mit welchem Abstand? Mein Rohling war aus Tulpenbaumholz, 75 mm zum Quadrat, und so zeichnete ich als aus der Luft gegriffenes Maß mit einem Zirkel die Rundung ein, die sich 25 mm von der Mitte ergeben würde. Natürlich würde sich der Rohling dadurch wild aus der Mitte herausdrehen, also versuchte ich es mit 18 mm zur Mitte, um zu sehen, ob sich der Bogen dadurch wesentlich veränderte. Das war nicht der Fall, weshalb ich meinen ersten Versuch mit vier Punkten 18 mm entfernt von der tatsächlichen Mitte unternahm.

Mit dem fest aufgespannten Rohling begann ich langsam und beschleunigte nur so weit, wie es sich angenehm anfühlte, dann führte ich die ersten Testschnitte aus. Da so wenig Holz mit der Schneide in Berührung kam, war der Schnitt leicht und gut kontrollierbar. Während ich Material abtrug, fragte ich mich, wann es wohl genug wäre. Ich stellte fest, dass die Linien, die ich mit dem Zirkel auf das Hirnholz gezeichnet hatte, auf dem laufenden Werkstück deutlich zu erkennen waren. Als ich begriff, wie leicht es ging, hatte ich bereits zwei Seiten gedrechselt, etwas ungleichmäßig zwar, aber bei der dritten und vierten Seite hatte ich den Bogen raus.

Das Ergebnis gefiel mir recht gut, die Seiten waren hübsch quadratisch und dennoch gerundet, aber etwas ungleichmäßig. Ich wollte wissen, was passierte, wenn ich die Mittelpunkte näher an die tatsächliche Mitte heranrückte. Bei meinem zweiten Rohling wählte ich 10 mm von der tatsächlichen Mitte und stellte diesmal sicher, die Rundungen mit dem Zirkel deutlich anzuzeichnen. Mit dem Wissen des ersten Versuchs achtete ich nun besonders auf meine blauen Markierungslinien; das

Die Form wurde auf eines meiner Tulpenbaum-Probestücke übertragen.

Der Versatz war recht groß (18 mm).

Die Markierungen waren auf dem laufenden Werkstück deutlich zu sehen.

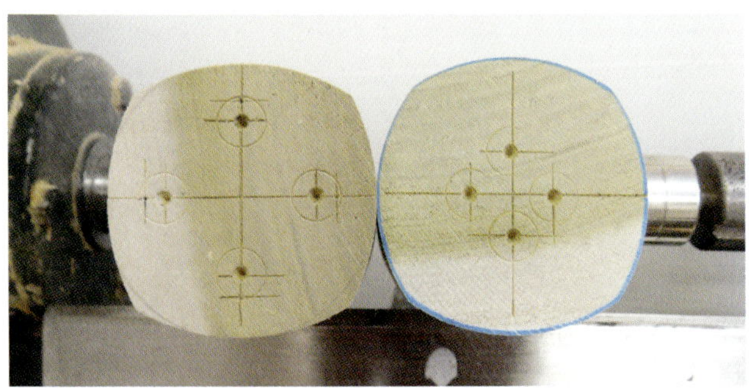

Erfolgreiche Versuche; der größere Versatz (18 mm) gefiel mir besser.

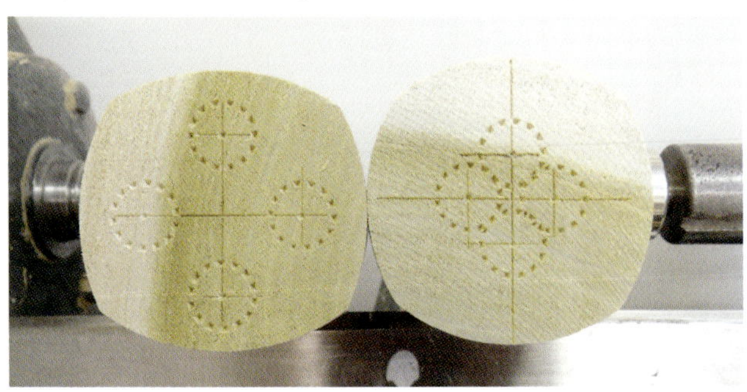

Ich mochte die Muster, die der Mitnehmer hinterlassen hatte.

Ergebnis war zwar viel klarer, aber ich war von den enger gebogenen Seiten weniger begeistert. Für mein endgültiges Werk würde es also ein Versatz von 18 mm werden. Der Blick auf das Muster, das der Mitnehmer an meinen beiden Teststücken hinterlassen hatte, brachte mich zum Schmunzeln. Es ist schon komisch, wie Muster fast zufällig entstehen können.

DAS KÄSTCHEN

Ich wollte ein helles Kästchen mit dunklerer Spitze anfertigen und fand beim Stöbern in meinen verschiedenen Holzstapeln ein helles Stück Esche, das perfekt passte. In meiner Kiste mit exotischem Krimskrams fand ich einen quadratischen 22-mm-Rohling aus Cocobolo, etwas größer als ein Kugelschreiberrohling und ideal für die Zierspitze geeignet.

Ich wusste noch nicht, wie hoch das Kästchen werden sollte, also schnitt ich den Rohling auf 125 mm zu und markierte wie zuvor, nur sorgfältiger. Ich bearbeitete ihn mit meiner großen Schrupprohre und machte dann ein paar vorsichtige Durchgänge mit meinem Signatur-Werkzeug. Schleifen bei laufender Drehmaschine kam nicht infrage, da es die Klarheit der Kanten zerstören würde, also waren letzte Korrekturen mit dem Flachmeißel und Handschliff die beste Option. Die Seiten mussten kerzengerade sein, also richtete ich meine Werkzeugauflage am Bankbett aus und benutzte sie als Anschlag, um einen glatten und geraden Schnitt zu erzielen.

Nachdem ich die vier Seiten gedrechselt und geglättet hatte, überprüfte ich sie sorgfältig auf Gleichmäßigkeit. Die zwei Versuche hatten sich gelohnt – der dritte war nahezu perfekt. Zufrieden setzte ich die Schachtel wieder zentriert ein und drechselte einen Spannzapfen in den Boden. Nun musste sie nur noch wie üblich ausgehöhlt werden, was ich größtenteils mit meiner 12-mm-Spindelröhre tat; ich verwendete ein Wolframkarbidwerkzeug, das eine größere Reichweite und saubere Schnitte in Hirnholz ermöglicht. Ein vierkantiger Schaber mit negativer Fase half mir, eine genau quadratische Aussparung zum Einsetzen des Deckels zu schneiden.

Schruppen der Kästchenform.

Vorsichtiger Schrägschnitt für eine saubere und glatte Oberfläche.

Ich war mit der Form des Kästchens zufrieden.

Den Zapfen schneiden, um das Kästchen für das Aushöhlen zu halten.

Während des Drechselns fand ich, dass das Kästchen wohl als „Würfel“ am besten aussehen würde, also zeichnete ich eine Höhe von 75 mm an und benutzte ein Klemmfutter, um den Boden richtig auszuarbeiten. Am Ende galt es, die „quadratischen“ Seiten von Hand zu schleifen, wofür ich ein um einen Korkklotz gewickeltes 400er-Schleifpapier verwendete.

Aushöhlen des Kästchens.

DER DECKEL

Dieser Teil wurde nicht mehrachsig gedreht. Ich wollte eine halbkugelförmige Kuppel, wobei die Wölbung am Kontaktpunkt mit dem Kästchen beginnen sollte, also schnitt ich zuerst einen 6 mm großen geraden Abschnitt, der in der Aussparung auf dem Kästchen sitzen würde, bevor ich den Bogen der Kuppel zuzuschneiden begann. Ich wollte die Unterseite aushöhlen, musste sie aber sicher halten können, also setzte ich den Deckel versuchsweise auf das Kästchen und begann, die Kuppel zu formen. Dabei ließ ich oben genug Holz für einen Spannzapfen stehen. Als ich mit dem Bogenverlauf zufrieden war, drehte ich den Deckel um, spannte ihn in mein Futter und höhlte die Unterseite aus. Anstatt eine gleichmäßige Wandstärke zu forcieren, ließ ich die Kuppel oben absichtlich dicker, um für die Montage der Zierspitze hineinbohren zu können, hielt aber die Wölbung glatt, damit sie nicht zu dick blieb. Ich denke, ich habe eine gute Balance gefunden.

Das Deckelinnere wurde mit einem Schaber mit negativer Fase bearbeitet und geschliffen. Ich spannte ihn wieder zwischen einen Holzrest und meine Körnerspitze, praktisch zwischen Spitzen, und vollendete den Bogen des Deckels, den ich mit einer dünnen MDF-Schablone kon-

Klemmfutter zum Fertigstellen des Bodens.

Anfängliche Formgebung des kuppelförmigen Deckels.

Handschleifen der Seiten mit Schleifpapier um einen Korkklotz.

Verfeinern des Deckels mit meinem Schaber mit negativer Fase.

Prüfung der Kuppelform des Deckels mithilfe einer MDF-Schablone.

Meine Sapeli-Experimente mit der groben Skizze.

trollierte, bis auf einen winzigen Stift, der leicht weggeschnitzt und abgeschliffen werden konnte. Zum Montieren bohrte ich mit einem 4,5-mm-Bohrer in den Deckel.

DIE ZIERSPITZE

Ich wusste ungefähr, wie die Zierspitze aussehen sollte, aber die Umsetzung war etwas ganz anderes. Es gibt deutliche Ähnlichkeiten zwischen dieser Zierspitze und einem Spazierstockgriff, den ich zuvor gedrechselt hatte und oft bei Vorführungen zeige. Auf dieser Grundlage wollte ich es mit weiteren Holzresten versuchen. Ich bereitete einige Sapeliholzstücke vor, die gleich groß wie mein Cocobolostück waren, und zeichnete einen weiteren Entwurf, um zu sehen, ob die Richtung stimmte.

Die erste Form, die in der echten Rohlingmitte gedreht wurde, war am ehesten wie ein Trichter. Danach setzte ich die Körnerspitze an eine neue Mitte, etwa auf halbem Weg zur diagonalen Ecke des Rohlings, während ich den Mitnehmer auf der echten Mitte beließ. Dann drechselte ich den Bogen oben auf dem ersten Trichter und formte den zweiten, kleineren Trichter. Hier merkte ich, dass mein erster Trichter zu dünn geraten war, weil er abbrach, aber der Versuch ermutigte mich und ich probierte es mit einer etwas dickeren Basis. Dieser Versuch brach oben, weil der kleinere Trichter zu klein war. Mein dritter Versuch war ein weiterer Fortschritt und gelang bis auf einen kleinen Span in der Maserung. Der vierte und letzte Versuch war besser, und ich konnte ihn probehalber in den Deckel einpassen, um zu sehen, wie er im Verhältnis zum Rest der Dose wirkte.

Die fertige Zierspitze ähnelte diesem einfachen versetzten Spazierstockgriff, den ich manchmal zu Anschauungszwecken herzeige.

Versuch Nummer vier in den Deckel eingepasst.

Jetzt war ich bereit für das echte Werk! Mein Stück Cocobolo reichte für zwei Versuche, aber nach diesem vierten Versuch war ich bereits sehr zuversichtlich.

Das dunkle Holz war beim Drechseln schwer zu sehen, also legte ich ein Stück weißes Papier auf das Bankbett, um das Profil der Zierspitze hervorzuheben. Wie beim Kästchen zuvor verliehen Mitnehmer und Körnerspitze dem dichten Holz maximalen Halt und Antrieb. Ich schliff jeden Abschnitt beim Drechseln, solange das Holz noch stark war, auch wenn ich erwartet hatte, dass das Cocobolo viel härter sein würde als das Sapeliholz aus meiner Versuchsreihe. Da es so dicht war, schliff ich es mit einer 1200er-Körnung, was eine sehr glatte Oberfläche ergab, die einen schönen Kontrast zu der starken Maserung und blassen Farbe der Esche bilden würde.

Zurück an der „echten" Mitte drechselte ich den oberen Bogen der Zierspitze so weit hinunter, wie ich mich traute, und stellte sicher, dass das untere Ende die passende Größe für den Deckel hatte. Dann nahm ich die Zierspitze von der Drehmaschine, schnitt den Holzrest mit einer Handsäge ab und stellte die obere Fläche mittels Schälschnitt mit einem scharfen Meißel und Handschleifen fertig.

Setzen der Haltepunkte auf der Zierspitze.

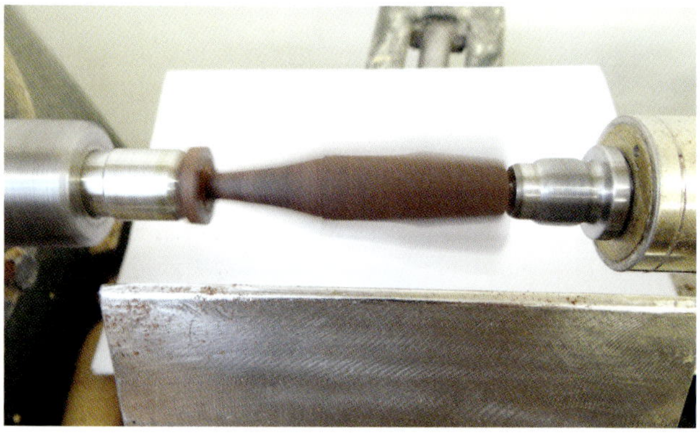
Weißes Papier hinter dem Werkstück erleichtert das Sehen.

Zweite Achse mit fertiger erster Trompetenform.

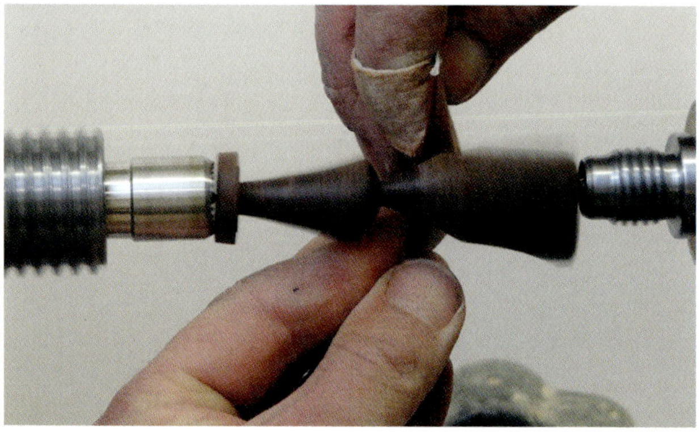
Nach jedem Schritt schleifen, um das Bruchrisiko zu minimieren.

Letzte Schnitte, wieder an der „echten" Mitte.

Die Zierspitze muss nur noch versäubert werden.

FERTIGSTELLUNG

Nun fehlte lediglich noch die Montage von Deckel und Zierspitze. Dazu musste ich nur vorsichtig etwas Holzleim in das in den Deckel gebohrte Loch geben und die Zierspitze fest hineindrücken. Nach dem Trocknen besprühte ich alle Oberflächen mit mehreren Schichten seidenmatten Acryllacks, den ich vor der letzten Schicht leicht verdünnte. Ich wählte Acryllack, weil er die helle Farbe der Esche am wenigsten beeinträchtigen und nur ähnlich wie das Befeuchten der Oberfläche verändern würde.

Ich freute mich sehr, wie gut das Endergebnis mit der Idee übereinstimmte. Es ist immer erfüllend, wenn die Dinge tatsächlich nach Plan verlaufen. Die Probestücke waren wichtig, um zu verstehen, wie sich die verschiedenen Befestigungspunkte auf die Formen auswirkten, und insgesamt glaube ich, das mehrachsige Drehen nun besser zu verstehen, auch wenn ich noch einiges zu lernen habe.

Dieses Kästchen ließe sich in einer beliebigen Anzahl von Variationen herstellen, auch mit anderer Seitenanzahl – als dreieckige Dose oder vielleicht als Achteck? Man könnte ein gewisses Etwas einbauen, indem man das Werkstück an jedem Ende anders anbringt. Die Möglichkeiten sind schier endlos, und ich habe hier nur an der Oberfläche gekratzt.

Das fertige Kästchen.

SPIELE UND PUZZLES

Schachspiel

Ich wollte immer schon ein Schachspiel gestalten, aber am Beginn meiner Karriere überforderte mich der Gedanke daran, 16 identische Bauern zu drechseln, sodass ich die Idee beiseitelegte. Später, als ich die notwendigen Kenntnisse hatte, hatte ich keine Zeit dafür. Diese Herausforderung war also die perfekte Gelegenheit, es nachzuholen! Ich wollte immer ein Schachspiel finden, das mir gefiel, um es nachzumachen, aber hier musste ich die Figuren sowohl entwerfen als auch drechseln. Nachdem die Ursprünge des Schachspiels fast 1500 Jahre zurückreichten, gab es sicher genug Inspiration, aber das machte es dezent schwierig, etwas Originelles zu finden. Die Herausforderung war jedoch gestellt, und ich musste mein Bestes geben, sie zu erfüllen.

DESIGN

Wenn ich eine Schwachstelle habe, dann beim Design. In meinem Arbeitsalltag entwerfe ich selten etwas von Grund auf. Normalerweise zeigt mir ein Kunde ein Stück oder mailt mir eine Zeichnung und sagt mir, wie viele davon ich herstellen soll – ich erwecke die Entwürfe anderer zum Leben. Wenn ich etwas entwerfen muss, habe ich gern ein paar Orientierungspunkte, also stellte ich für dieses Projekt erst einmal einige Nachforschungen über Schachspiele an.

Dabei stellte ich fest, dass bis zu einem gewissen Grad fast alles möglich ist: Es gibt Schachspiele für jeden Geschmack, von klassischen, wohlbekannten Staunton-Figuren bis hin zu supermodernen und abstrakteren Formen zur Darstellung der Spielfiguren. Mein Bruder hat ein chinesisch inspiriertes Set, bei dem wir nie richtig herausfinden konnten, was nun Läufer, Springer oder Turm ist.

„Richtige" Schachspieler können allerdings penibel sein und Sets mit klar definierten Figuren verlangen. Für ein Set, das von jedem vom Anfänger bis zum Spitzenspieler verwendet werden kann, müssten die Figuren also leicht zu erkennen sein.

Egal, wie das Design aussehen würde, es musste ganz klar ein Thema geben, das die Figuren zu einem Set und nicht nur zu einer Gruppe von Schachfiguren machte. Ich würde also bestimmte Elemente oder Designmerkmale für jede Figur verwenden müssen, damit sie harmonisch zueinander passten.

Ich merkte bald, dass Schachfiguren in der Größe sehr stark variieren. Reisesets sind winzig, Turnierschachspiele können ziemlich groß sein, und beim Outdoor-Schach gibt es riesige Figuren. In der Regel werden die Figuren vom König bis zum Turm immer kleiner; der Bauer ist meist am kleinsten.

Die Holzwahl ist ebenfalls wichtig. Ein komplettes Spiel besteht aus schwarzen und weißen Figuren. Ich habe meist weiße Figuren aus Buchsbaum gesehen, da dieses Holz sich zu einem hellen Goldbraun polieren lässt, während für die schwarzen Figuren oft schwarz gefärbtes, nicht identifizierbares Holz verwendet wird. Bei sehr teuren Sets wird Exotischeres wie Ebenholz oder dunkler Palisander verwendet; einige antike Sets sind aus Elfenbein gefertigt. Oft sind diese für die schwarze Seite leuchtend rot gefärbt.

Ich mochte immer die hohen „Edinburgh"-Schachfiguren und habe mir daher Beispiele in diesem Stil angesehen. Sie sind meist lang und schlank mit säulenartigem Korpus und einem Kopf, der sie unterscheidet. Ich fertigte Skizzen von Details an, die mir ins Auge fielen. Ich musste aufpassen, sie nicht direkt zu kopieren, aber wenn ich Ideen sammeln und sie zu einem neuen Design vereinen konnte, würde ich hoffentlich etwas Vertrautes, aber Einzigartiges schaffen. Das Risiko dieser Herangehensweise bestand allerdings darin, Frankensteins Monster der Schachwelt zu schaffen!

DAS PROBLEM MIT DEM SPRINGER

Die Crux ist das Design des Springers, der bekanntlich einen Pferdekopf hat, aber niemals „Pferd" genannt werden darf. Ich habe in meinem Leben schon ein bisschen geschnitzt, aber in dieser Herausforderung ging es um ein echtes Drechsler-Schachspiel, also musste der Springer gedrechselt und nicht geschnitzt werden. Das Problem dabei lag darin, das Aussehen eines Pferds vorwiegend mit Drechseltechniken zu gestalten.

Solche Figuren können manchmal mit der deutschen Technik des Reifendrehens gefertigt werden, aber das wäre eine Menge Arbeit für vier Springer. Alternativ könnte ich einen Pferdekopf mit der Bandsäge ausschneiden und auf dem Sockel befestigen, aber ich befürchtete, dass das etwas leblos wirken könnte.

Gesammelte Skizzen und der endgültige Figurenentwurf.

Auch ein altes Schachspiel inspirierte meine Versuchsstücke.

Gleichmäßig kleiner werdende Tulpenbaumholz-Prototypen.

Storyboards, angefertigt auf Grundlage der Prototypen.

Bei meiner Ideensuche stieß ich auf eine Website namens „Chess Museum" – eine Fundgrube für Bilder und Inspirationen. Ein Set, das mir ins Auge stach, nannte sich „Space Age Universum" und war von Raketen und Satelliten inspiriert. Obwohl es nichts mit meinem Plan zu tun hatte, stach mir der Springer ins Auge, weil er zumindest teils außerhalb der Mitte gedreht war, um eine Variante der bekannten Form zu schaffen. Meine grauen Zellen rasten los: Könnte ich meinen Springer für seine Form auch außerhalb der Mitte drehen?

PROTOTYPEN

Aus all den Skizzen aus meiner Recherche entwickelte ich eine solide Idee für mein Schachspiel. Ich wollte das gesamte Set ungefähr in der Größe skizzieren, die ich mir vorstellte. Ich war recht zufrieden damit, wie sie auf dem Papier aussahen – das war sicher eine gute Grundlage, um darauf aufzubauen.

Der nächste logische Schritt war, etwas zu drechseln, um zu sehen, wie es dreidimensional aussah, da sich 2D-Zeichnungen nicht immer 1:1 auf ein 3D-Holzobjekt übertragen lassen. Da die Schachfiguren klein waren, würde das nicht lange dauern und ich konnte Holzreste verwenden; der Aufwand an Zeit und Holz war also gering, lohnte sich aber für mein endgültiges Design.

Als zweite Quelle diente eine Krimskramsschachtel aus meiner Jugend. Darin waren einige Schachfiguren, einige unterschiedlich große Würfel und ein Satz Pokerwürfel – es war eine dieser seltsamen Schachteln, die ich eigentlich schon längst hätte wegwerfen sollen, die aber aus irgendeinem Grund ganz hinten in der Schublade geblieben waren und auf den Tag warteten, an dem ich sie öffnete, um z.B. die wenigen Schachfiguren darin auf ihre Größen und Proportionen zu prüfen. Sie waren zwar um einiges kleiner als mein geplantes Set, aber eine physische Orientierungshilfe ist immer hilfreich.

Mehrere Stunden des Drechselns und Experimentierens später hatte ich einen Figurensatz aus Tulpenbaumholz, der mir gefiel und Grundlage für mein Schachspiel sein würde. Daraus fertigte ich wie üblich Storyboards an; dann war ich bereit, mein Holz vorzubereiten und mit der eigentlichen Arbeit zu beginnen.

Ich wollte immer ein Schachspiel aus Eiche anfertigen, da es mein Lieblingsholz ist. Ich mochte die Idee eines Sets ganz aus Eiche, wobei die „weißen" Figuren nur geölt und die „schwarzen" mit einer Essig-Stahlwolle-Lösung wie Ebenholz gefärbt würden – das hatte ich so noch nie gesehen. In Kombination mit meinem Design sollte so ein einzigartiges, aber erkennbares Schachspiel entstehen.

DER SPRINGER

Ich wollte mit dem Springer, der zweifellos schwierigsten Figur, beginnen (siehe Diagramm auf S. 65). Meine Idee, ihn außerhalb der Mitte zu drehen, schien, als könnte sie funktionieren – zumindest auf dem Papier. Also schnitt ich ein ca. 100 mm langes Stück Tulpenbaumholz (50 x 50 mm) zu und spannte es auf, um zu sehen, was passieren würde. Ich finde es immer sehr schwierig, mir das Drehen außerhalb der Mitte vorzustellen, aber ich dachte, ich hätte es jetzt verstanden.

Basierend auf meiner ursprünglichen Inspiration durch das „Universum"-Set drechselte ich den Pferdekopf in der tatsächlichen Mitte in eine Art Rautenform. Dann versetzte ich das Stück zufällig und spannte es fest. Als ich mit dem Drechseln begann, hörte ich ein leichtes Knacken und stoppte sofort die Maschine, um nachzusehen. Ich nahm das Teil heraus und überprüfte es, konnte aber keine Probleme erkennen. Erst als ich es erneut aufspannte, sah ich den Riss. Der Holzrest an der Spitze war zu dünn, um dem Druck standzuhalten. Also schnitt ich den zweiten Rohling etwas länger für eine stabilere Haltefläche und probierte es erneut.

Diesmal kam ich dem Ziel schon näher, obwohl der Sockel zu hoch war und die Rautenform des Kopfes nicht aufging. Ich passte die Sockelhöhe an und drechselte nach ein paar neuen Entwürfen eine gebogene Kopfform.

Hier sollte ich das Formen des Kopfes erklären. Nach dem Drehen hatte ich einen Sockel mit einer Kugel, die auf einer Seite einen Einschnitt hatte, der durch das außermittige Drehen entstanden war und ein wenig wie ein Lächeln aussah. Dies ergab Hals und Kinn des Pferdekopfes. Ich zeichnete Bleistiftlinien im Abstand von 6 mm auf die Vorder- und Rückseite, um zu markieren, wie dick die Nase und der Nacken sein sollten, und nahm das Stück mit zu meinem Bandschleifer.

Ich baute eine Spannvorrichtung, die den Bandschleifer sicher auf der Seite hielt und quasi in eine Schleifmaschine mit Tisch und quadratischem Anschlagblock verwandelte. Die Vorrichtung ist aus Birkensperrholz und wird vom Schraubstock fest auf meiner Werkbank gehalten. So komme ich an die flache Grundplatte des Bandschleifers, aber auch an das runde Ende, das für das Profildrehen nützlich ist. Abgesehen von der Drehmaschine war dies die einzige Maschine, die ich für den Springer benutzt habe.

Ich schnitt den Holzrest vom Drechseln ab, schliff jede Seite der Kugel, verjüngte die Form bis zu der kleinen Noppe oben für die Ohren und erweiterte sie leicht am Schnittpunkt zwischen dem Pferdekopf und dem säulenartigen Sockel. Die Seiten des Pferdekopfes sind etwas breiter als Nase und Mähne, also schaukelte ich das Stück beim Schleifen leicht, prüfte regelmäßig meinen Fortschritt und entwickelte die Form beider Seiten weiter, um sie möglichst symmetrisch zu halten.

Der letzte Schliff war ein konkaver Bogen von der Nase zum Ohr mit dem runden Ende der Schleifmaschine, wodurch die Springerform erkennbar wurde. Ich war über das Ergebnis sehr erfreut. Ich habe noch nie gehört, dass ein Springer auf solche Weise gedrechselt wurde, meiner könnte also durchaus ein Unikat sein.

Ich fand diesen etwas zu groß, obwohl er toll aussah, also passte ich die Höhe der Kugel für den Kopf an, und nach drei weiteren Versuchen hatte ich das Design gefunden, mit dem ich zufrieden war. Nun galt es, das mit Eichenholz zu wiederholen.

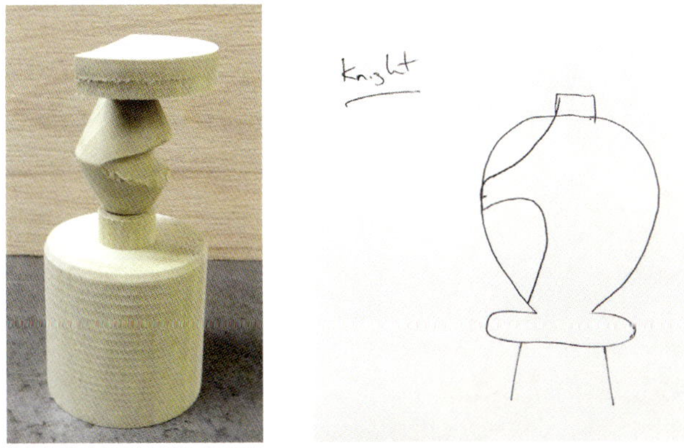

Versuch eins war ein Fehlschlag, wies mir aber die Richtung. Eine Skizze half mir, von der Raute zu einer runderen Kopfform überzugehen.

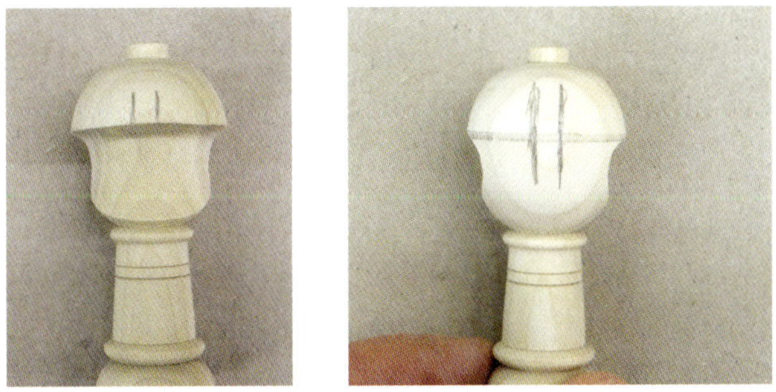

Vor Profildrehen Bleistiftlinien auf Vorder- und Rückseite setzen.

Schleifvorrichtung, die den Bandschleifer sicher auf der Seite hält.

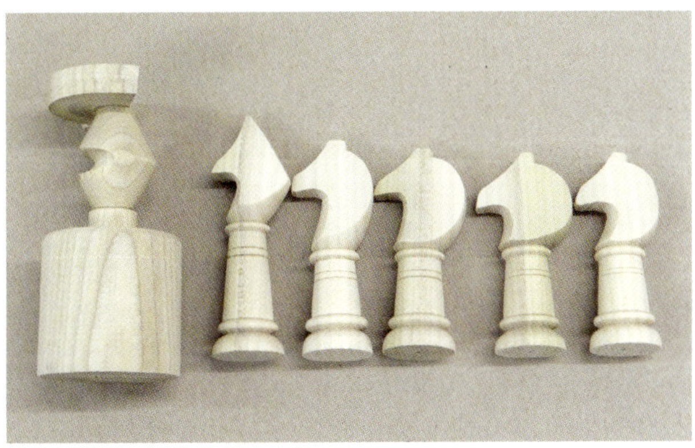

Die Entwicklung vom Prototyp zum endgültigen Muster (rechts).

SPRINGER AUS EICHENHOLZ

Durch die Prototypen wusste ich, dass ich einen 50 x 50 x 115 mm großen Eichenholzrohling mit einem Versatz von 15 mm benötigte. Wie zuvor drechselte ich erst den Zylinder, dann den säulenartigen Sockel des Springers und die 35 mm große Kugel für den Kopf. Die Spitze für die Ohren ließ ich aus Stabilitätsgründen etwas dicker (12 mm), um sie erst nach dem versetzten Drechseln auf die benötigten 9 mm zu bringen.

Ich wählte den Versatz von 15 mm so, dass der charakteristische Fleck im Eichenholz an den Seiten des Pferdekopfes erschien. Das Holz außerhalb der Mitte positioniert stellte ich die Werkzeugauflage schräg, damit sich das Holz drehen konnte, und hielt meine Röhre möglichst nah am Werkstück. Ein vielzackiger Mitnehmer, der auch bei so schräg liegenden Werkstücken greift, und eine ringförmige Körnerspitze hielten den Springer. Ich prüfte mehrfach den festen Sitz, bevor ich die Drehmaschine einschaltete; ich stand an der Seite und trug wie immer meinen Frischluft-Schleifschutzhelm. Ich drechselte mit 1850 U/min für einen möglichst glatten Schnitt, denn Schleifen war hier keine Option, zumindest nicht bei laufender Maschine. Das Holz verschwamm, aber ich hatte eine Bleistiftmarkierung auf die Mitte der Kugel gesetzt, um zu erkennen, wo ich beginnen musste. Langsames und gleichmäßiges Arbeiten und regelmäßige Kontrollen waren das Gebot der Stunde. Der Schnitt war im Grunde eine Einbuchtung – ich schnitt leicht unter die rechte Seite, um die Kurve unter dem Kinn des Pferds zu betonen. Vom Sockel des Springers aus war die Kurve links für den Hals flacher.

Zufrieden spannte ich den Springer wieder mittig ein, verschmälerte die Ohren auf 9 mm, schliff sie (Körnungen 240 und 320) und schloss die Arbeit mit einem feinen Schleifpad ab. Ich drechselte alle vier Springer bis zu diesem Stadium, bevor ich den Holzrest abstach und zur Schleifmaschine wechselte.

Erneut markierte ich die 6 mm, die ungeschliffen bleiben sollten, und ging ans Werk. Das Eichenholz ließ sich deutlich langsamer schleifen als das Tulpenbaumholz, da es viel dichter war. Ich bewegte den Springer stetig über das Band, wechselte die Seiten und prüfte ihn immer wieder auf Symmetrie. Als ich mit den Seiten zufrieden war, fügte ich mit dem runden Ende des Bandschleifers die Kurve von der Nase zu den Ohren hinzu. Nach leichtem Abrunden der Nase war die Formgebung abgeschlossen. Mit jedem der vier Springer kam ich mehr in Schwung und es wurde immer leichter. Beim Vergleich sah ich, dass einer etwas abwich, was mit ein paar letzten Schliffen schnell behoben war.

15 mm Versatz ergaben das Profil mit Strahlenflecken auf den Seiten.

Drechseln der Form vor dem Versetzen.

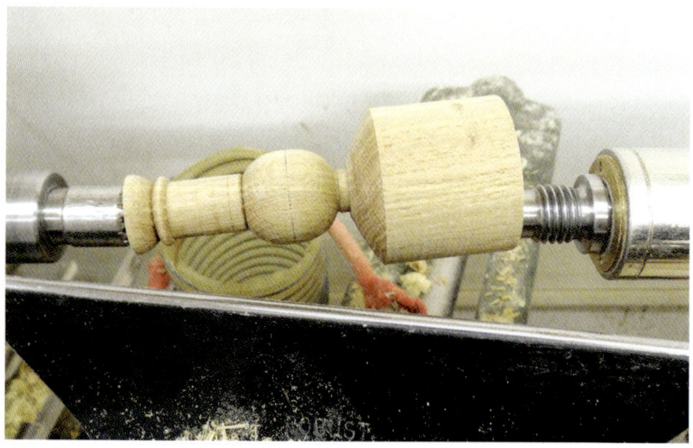

Auf die Drehmaschine gespannt, bereit zum versetzten Drechseln.

Das Holz verschwamm beim versetzten Drechseln.

Die gedrechselten Springer, bereit zum Formen.

Die ebenen Flächen (6 mm) wurden vorn und hinten markiert.

Schleifen der Seiten der Springer.

Das runde Ende des Bandschleifers formt die Nase.

Mit einer Körnung von 100 war das Schleifband recht grob, erfüllte seinen Zweck aber gut. Ich schliff danach von Hand weiter (Körnungen 180 und 240). Die Rundung des Halses schliff ich mit einer Schleifrolle, um sicher alle Drechselspuren zu entfernen. Dann waren die vier Springer bereit für die Fertigstellung.

Die fertigen Springer.

DER LÄUFER

Bei meinen Recherchen fiel mir ein modernes Metallschach auf, dessen Läufer schräge Spitzen hatten. Hätte das Bild nicht alle Figuren auf ihren Ausgangspositionen gezeigt, hätte ich bei einigen Zuordnungsprobleme gehabt, da sie sich recht ähnlich sahen, aber der Läufer stach heraus und schien mir offensichtlich. Die abgeschrägte Oberseite wäre relativ einfach und würde sich in den Stil meines Schachspiels einfügen. Viele Läufer haben einen schrägen Schnitt und einen „Hut“, der eine Mitra nachahmt; das könnte also gut funktionieren (siehe S. 64 für das Diagramm meines Entwurfs).

Ich drechselte einen Prototyp aus Tulpenbaumholz mit ausgestellter Spitze und einen zweiten mit tropfenförmiger Spitze. Mit meinem Bandschleifer arbeitete ich

Prototypen der Läufer.

Den Läufer mithilfe des Storyboards markieren.

Drechseln des Läufers.

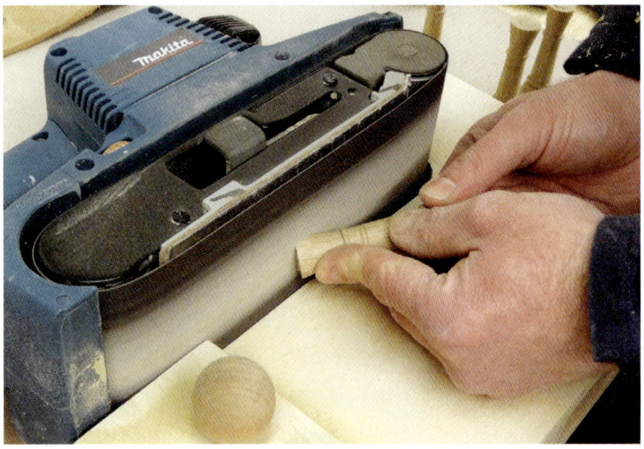

Schleifen der schrägen Oberseite.

Vor und nach dem Schleifen.

die schräge Oberseite aus. Mir gefiel der erste Prototyp mit der ausgestellten Spitze besser – er sollte nur etwas kürzer als der erste werden. So entstand mein dritter und letzter Prototyp, nach dem ich mein Storyboard und meine endgültigen Eichenläufer fertigte.

Das Drechseln war im Vergleich zum Springer recht einfach. Am Sockel waren der halbe und der kleine volle Wulst, die sich durch das gesamte Set ziehen, einfache Flachmeißelarbeit, gefolgt von der Säule mit einem weiteren kleinen Wulst an der Spitze. Die Schräge wurde mit einem Hobelschnitt von 23 mm Durchmesser an der Spitze geschnitten, um den Wulst zu treffen.

Nach dem Schleifen drechselte ich die anderen drei ebenso und brachte sie zur Schleifvorrichtung. Wie die Springer setzte ich sie freihändig an das Band und schliff vorsichtig die Schräge von der Kante bis zu einem geschätzten Punkt oberhalb des Wulstes. Ich prüfte und korrigierte den Winkel regelmäßig, damit alle vier Läufer das gleiche Maserungsmuster aufwiesen. Beim Schleifen hätte das Holz verbrennen können, da es sich am Band weniger bewegte als beim Springer, weshalb ich den Druck verringerte und einen neuen Teil des Bands verwendete, wenn ich mich der endgültigen Form näherte.

Ich verglich die vier und korrigierte eine, die nicht ganz passte. Wie bei den Springern schliff ich die schräge Seite von Hand und brach die scharfe Kante. Dann legte ich die Läufer mit den Springern zur Fertigstellung beiseite.

Die fertigen Läufer.

DER TURM

So wie der Springer von „echten“ Schachspielern niemals als „Pferd“ bezeichnet wird, nennt man diese Figur trotz ihres unverwechselbaren Aussehens niemals „Burg“ – dies ist ein Turm. Er wird fast immer durch eine Burg oder zumindest eine burgturmähnliche Form dargestellt.

Prototypen aus Tulpenbaumholz.

Die Sockel meiner Figuren sind im Grunde immer gleich, was für Wiedererkennen sorgt und sie als Figurensatz statt als zufällige Sammlung von Schachfiguren zusammenhält. Die wichtigste Entscheidung beim Turm war, wie genau die Zinnen an der Oberseite aussehen sollten (siehe S. 65 für das Diagramm meines Entwurfs). Ich erwog mehrere Optionen, auch meine Bandsäge, die ich aber aus Genauigkeits- und Sicherheitsgründen ausschloss. Ich hätte auch die Mikrobohrmaschine von der Schatulle mit Lochfräsmuster (siehe S. 32) verwenden können, aber für diese Aufgabe war ich darin nicht geübt genug. Ich hätte auch meine kleine Oberfräse auf einer Halterung verwenden können, die ich normalerweise für Flöten und Zungen an Spindeln benutze, aber ich fand sie für so feine Details etwas zu grob, besonders bei Eichenholz. Handwerkzeuge waren also die beste Option.

Ich fertigte einen Prototyp aus Tulpenbaumholz an. Meine Recherchen hatten ergeben, dass der obere Teil des Turms entweder ganz gerade ist oder eine leichte Schräge oder Verbreiterung nach außen aufweist. Manche sind nur leicht verbreitert, andere stark, wieder andere haben zusätzliche Linien eingeschnitten. Mir gefiel die breitere Version, also setzte ich sie bei meinem ersten Muster um.

Als Nächstes musste ich entscheiden, wie viele Zinnen mein Turm haben sollte. Vier wären am einfachsten, da dies ein einfacher Kreuzschnitt oben auf der Figur wäre, aber ich fand, dass dies nicht ausreichen würde. So entschied ich mich für acht Zinnen, also zwei durch die Figur geschnittene Kreuze.

Anders als der Springer und der Läufer, die ich zwischen Spitzen lassen konnte, musste der Turm in ein Spannfutter, damit ich an die Oberseite gelangen konnte. Ich drechselte die gesamte Form zwischen Spitzen und ließ einen Zapfen (Durchmesser: 18 mm) für meine F-Klemme stehen. Es war einfacher und wohl auch sicherer, die Form ohne störendes Spannfutter zu drechseln, obwohl ich sie auch darin hätte ausarbeiten können. Als ich mit der Drechselarbeit zufrieden war, spannte ich den Turm in das Futter und begann mit dem Anzeichnen der oberen Details.

Schnell stellte sich heraus, dass acht Zinnen zu viel waren. Die übrigen aufragenden Teile waren zu klein und schwach, somit schwer zu bearbeiten und nicht sehr spielstabil. Ich bin immer der Meinung, dass etwas, das den Strapazen des Drechselns und Bearbeitens standhält, gute Überlebenschancen in der freien Wildbahn hat, weshalb mein zweiter Versuch nur vier Zinnen haben sollte. Ein Blick auf den ersten Prototyp bestätigte auch, dass ich dem Zinnenbereich keine weiteren Linien hinzufügen musste, aber der Wulst sah gut aus. Ich wollte auch die Gesamthöhe etwas erhöhen. Ein zweiter Prototyp bestätigte diesen Entwurf, und ich konnte mit meinen vier Eichenholzstücken fortfahren.

DER TURM AUS EICHENHOLZ

Wie die Prototypen drechselte ich die Türme aus Eiche komplett zwischen Spitzen und spannte sie dann ins Futter. Zum Markieren der Details oben stellte ich die Werkzeugauflage knapp unterhalb der Mitte ein und zog mit ihr eine horizontale Linie entlang der Oberseite. Die zweite Linie im 90°-Winkel zur ersten zeichnete ich nach Augenmaß an, nachdem ich das Werkstück per Hand gedreht hatte.

Dann sägte ich mit meiner kleinen Feinsäge entlang dieser Linien. Der Einschnitt in das Eichenholz war etwas

Drechseln des Turms.

schwierig, aber einmal begonnen war die Tiefe mit ein paar vorsichtigen Sägestrichen erreicht.

Um den Turm realistischer zu gestalten und das Formen zu erleichtern, höhlte ich die Oberseite mit einer Spindelröhre leicht aus, wie ich es bei einem Behälter tun würde, und verfeinerte die Details mit einem kleinen, vierkantigen Schaber mit negativer Fase. Die Kanten ließ ich hier noch etwas dicker, um mehr Stabilität beim Formen der Zinnen zu erhalten.

Ich erweiterte die Sägeschnitte mit einem scharfen Meißel. Zum Entfernen von Holzresten und Begradigen der Schnitte benutzte ich einen sehr schmalen Meißel (3 mm). Ich fand es angenehm, den Turm während der Arbeit mit meinen Händen zu stabilisieren, aber ich hätte die Drehmaschine auch mit einem Teilapparat fixieren können.

Obwohl ich sehr vorsichtig war und immer nur winzige Schnitte machte, riss das Holz an der Innenseite leicht aus. Sobald ich damit zufrieden war, dass die Zinnen

Anzeichnen der Zinnen.

Sägen entlang der Linien mit der Feinsäge.

Erweitern der Sägeschnitte mit einem Meißel.

Begradigen der Zinnen mit einem 3-mm-Meißel.

Verfeinern mit einem Schaber.

Die fertigen Zinnen.

gleichmäßig und rechtwinklig waren, beseitigte ich diese Macken an der Wandinnenseite mit meinem Schaber mit negativer Fase. Dann schliff ich sowohl mit der Maschine als auch um die Zinnen herum von Hand, bevor ich den fertigen Turm abstach.

Die fertigen Türme.

DAS KÖNIGSPAAR

Der König und die Dame sind vergleichsweise einfach zu drechseln, aber genauso wichtig wie die schwieriger zu drechselnden Springer und Türme. Wie alle anderen Figuren müssen sie in das Set passen und leicht erkennbar sein (siehe Diagramme auf S. 64). Die Sockel haben den gleichen halben Wulst, einen kleineren vollen Wulst und einen spitz zulaufenden säulenartigen Teil, bevor der Wulst für den Hals und das letzte unterscheidende Kopf- oder Kronendetail hinzukommen. Da sie die größten Figuren sind, beschloss ich beim Skizzieren, dass ihre Sockel etwas größer sein sollten als die der anderen. Anstelle der 25 mm von Springern, Türmen und Läufern entschied ich mich für 28 mm, was sich nicht nach einem großen Unterschied anhört, aber für das Gleichgewicht wichtig ist, sowohl visuell als auch physisch. Nach vielen Skizzen fertigte ich einige Tulpenbaumholz-Prototypen an.

Prototypen und fertige Damen.

DIE KÖNIGIN

Während meiner Recherche fiel mir auf, dass die Dame oft den Bauern ähnelt, aber größer ist, also war dies mein Ausgangspunkt. Der Bauer hat einen einfachen kugelförmigen Kopf auf dem Wulst für den Hals, also übertrug ich das auf die größere Basis der Dame. Das war ein solider Anfang, aber es fehlte noch etwas. Nach einigem Grübeln und Durchsehen der Bilder, die ich während meiner Recherche gesammelt hatte, entschied ich mich dafür, etwas zu verändern. Ich setzte den Halswulst tiefer an und fügte unter dem kugelförmigen Kopf eine Vertiefung hinzu, die ihn zu verlängern schien, eleganter machte und ihm etwas hinzufügte, was man am besten als „Hals" bezeichnen könnte, was meiner Dame sofort ein weiblicheres und anmutigeres Aussehen verlieh. Zufrieden stellte ich die beiden Eichenköniginnen her und ging zu den Königen über.

Drechseln einer der Eichenholzdamen.

DER KÖNIG

Der König stellte mich vor ein ähnliches Problem; hier war der Kopf, oder besser: die Krone die Herausforderung. Sie ist oft mit einem Kreuz versehen, aber ich wollte religiöse Symbolik vermeiden. Außerdem sollte es ein gedrechseltes Schachspiel mit minimalem Schnitzaufwand werden, eine gedrechselte Krone war definitiv gefragt. Nachdem ich Bücher und Internet nach Bildern durchforstet hatte, legte ich eine Form fest, die Basis vieler Schachkönigskronen ist. Ich drechselte einen Prototyp und fand ihn gut, also blieb ich dabei.

Das Problem war allerdings das Wort „festlegen". Es störte mich, dass ich in dieses Schachspiel so viel Arbeit gesteckt hatte und mit allen anderen Figuren so zufrieden war, dass es sich nicht richtig anfühlte, mich auf diesen König „festzulegen". Ich wollte nicht, dass der König das ganze Set abwertete.

Beim Drehen des ersten Eichenholzkönigs wurde mir klar, dass das Problem darin lag, dass die Kopfform etwas zu breit war und mich mehr an eine Bäckermütze als an eine Krone erinnerte.

Der Prototyp und die fertigen Könige.

Drechseln eines Königs.

Ganz spontan während des Drechselns beschloss ich, ihn anzupassen. Das ist eine seltene Ausnahme für mich – als Industriedrechsler habe ich vorab einen Entwurf und weiß genau, was ich drechsle, noch bevor ein Werkzeug das Holz berührt. Spontane Designänderungen bieten neue Freiheiten, bergen aber auch ein gewisses Risiko. Ich empfehle bei meinen Vorführungen immer, vorab wenigstens eine Skizze anzufertigen, da ungeplantes Drechseln oft zu schlechten Formen führt – und dennoch tat ich hier genau das. Ich tröstete mich damit, dass ich ja nur kleine Holzstücke bearbeitete und ich, falls es mir nicht gefallen würde, nicht viel Holz verschwenden würde.

Mit dem Verringern des Kronendurchmessers änderte sich natürlich auch die Form, die mir immer besser gefiel. Beim Drechseln zwischen Spitzen bleibt am Ende ein kleiner Zapfen zurück, der bei näherer Betrachtung oben an der Krone einfach richtig aussah. Ich drechselte ihn zu einer kleinen Kuppel, bevor ich ihn schließlich abschliff und abstach.

Diesmal hatte sich der Spontanentwurf ausgezahlt. Ich liebte den neuen König und fand, dass die leicht verfeinerte Form perfekt zu der eleganten Dame und den übrigen Figuren passte, also glich ich mein Storyboard an und begann mit der Herstellung des passenden Königs.

DER BAUER

Abgesehen von den Springern ist das Drehen der 16 identischen Bauern wohl das, was Drechsler am häufigsten davon abhält, ein Schachspiel herzustellen. Sogar ich hatte gemischte Gefühle. Einerseits freute ich mich auf etwas Seriendrechseln, andererseits hasste ich es, Miniaturen zu drechseln. Ein Satz (oder mehrere Sätze) Tischbeine sind mir allemal lieber als Miniaturen. Das Problem dabei ist der extrem hohe Genauigkeitsgrad. Liegt ein Wulst oder ein anderes Detail bei einem großen Tischbein ein paar Millimeter daneben, fällt das kaum auf, unter anderem auch, weil selbst die Tischbeine eines kleinen Tischs weit voneinander entfernt sind, vor allem aber wegen der Größe des Werks. Da ein Bauer nur 45 mm hoch und ein Wulst etwa 4 mm breit ist, fällt hier auch ein Fehler von nur wenigen Millimetern auf.

Das Design der Bauern hatte ich schon recht früh festgelegt (siehe Diagramm auf S. 65), weshalb ich nach dem Drechseln des Prototyps gleich die 16 Eichenbauern herstellen konnte. Ich schnitt 20 Rohlinge zu, um die besten Stücke auswählen zu können.

Beim Drechseln aller anderen Teile hatte ich mit einem Messschieber die Durchmesser eingestellt, aber da es jetzt viel mehr zu tun gab, richtete ich meine Kopiereinrichtung her, um effizienter zu arbeiten. Sie war auf einer Stahlstange montiert, die mit Holzklammern am Bankbett befestigt war. Die Taster wurden auf den Durchmesser des ersten Werkstücks eingestellt und fielen beim Drechseln einfach hinunter, wenn an den kritischen Stellen der richtige Durchmesser erreicht war.

Nachdem der Bauer zu einem Zylinder gedreht worden war, wurde er, wie die anderen Figuren, anhand eines Storyboards angezeichnet. Ich finde, Schachfiguren sind ein gutes Projekt, um die Verwendung von Flachmeißeln zu perfektionieren. Ich bevorzuge meinen Signatur-Plattenstahl (10 mm), ein hybrides Schräg- und Abstechwerkzeug, das hier perfekt funktionierte. Ich stellte die Durchmesser an meiner Kopiervorrichtung ein und formte die Wülste. Ein Hobelschnitt glättete den säulenartigen Körper und die Werkzeugspitze ritzte das Linienpaar ein, das sich auf all meinen Schachfiguren findet.

Der kugelförmige Kopf war am schwierigsten zu drechseln. Beim Drechseln von Kugeln arbeitete ich schon immer am liebsten mit der Spindelröhre, aber durch das enge Detail zwischen der Kugel und dem Halswulst war sie ungeeignet, da es keinen Platz gab, das Werkzeug leicht in den Schnitt zu stecken. Also war ein Meißel die

Einstellen der Kopiervorrichtung.

Markieren der Details mit dem Storyboard.

Ist der richtige Durchmesser erreicht, fallen die Taster herunter.

Formen des kugelförmigen Kopfes.

beste Option. Kleine Wülste sind immer schwierig, da das Werkzeug geführt werden muss wie bei einem größeren Wulst, jedoch auf engstem Raum. Auch scharfes Werkzeug war entscheidend – Eichenholz macht die Schneide schnell stumpf, weshalb selbst bei diesen kleinen Wülsten regelmäßiges Schärfen ein Muss war. Zufrieden mit der Drechselarbeit schliff ich jedes Stück (Körnungen 240 und 320 und feines Schleifpad). Nach langem Tüfteln wählte ich die 16 besten Bauern aus, und mein Schachspiel war komplett.

Der fertige, doch noch unbehandelte Schachfigurensatz aus Eichenholz.

EINFÄRBEN DER SCHWARZEN FIGUREN

Ich hatte für die Lösung zum Schwärzen saubere Stahlwolle in Essig aufgelöst; sie hatte etwa drei Monate lang gegoren, aber zwei Wochen reichen auch. Ich deckte meine Bank mit Packpapier ab und wählte die Hälfte meiner Figuren aus. Ich tauchte jede in das Glas, weichte sie gründlich ein, hob sie dann heraus und legte sie zum Trocknen hin. Ich staune immer wieder, wie schnell diese chemische Reaktion verläuft. Binnen einer Minute war jedes Stück fast tiefschwarz. Als ich das ganze Set gefärbt hatte, tupfte ich es mit einem Papiertuch ab und wiederholte dies nach dem Trocknen, um sicherzugehen, dass sie vollständig bedeckt waren. Ich war begeistert vom Ergebnis.

FERTIGSTELLUNG

Ich färbte an einem Freitagnachmittag und ließ die Figuren übers Wochenende stehen. Es wäre auch in Ordnung, sie über Nacht trocknen zu lassen. Dann ölte ich sie mit drei Schichten meines liebsten Hartwachsöls. Für die ersten beiden Schichten goss ich etwas Öl in ein separates sauberes Gefäß, um eine Verunreinigung durch die Schwärzlösung zu vermeiden, aber für die dritte Schicht konnte ich gut aus der Dose arbeiten.

Jede Figur wurde durch Eintauchen und Pinseln gründlich überzogen und ruhte, während ich den Rest des gleichfarbigen Sets ölte. Dann wischte ich den Überschuss gründlich ab und ließ alle trocknen.

Nach dem Eintauchen begann die Farbe sofort, sich zu verändern.

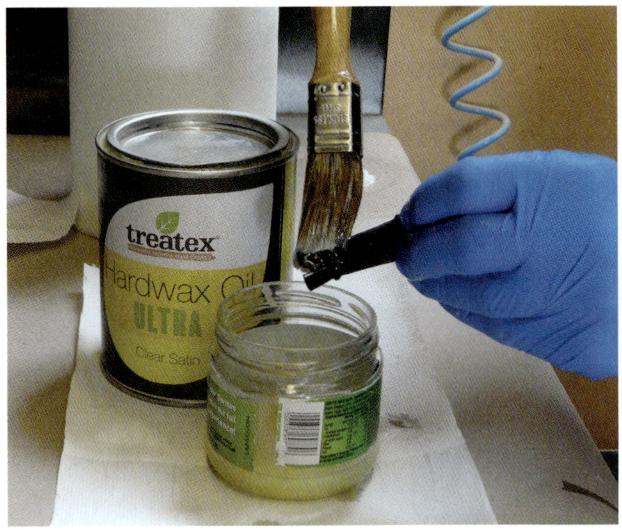

Ölen der Figur.

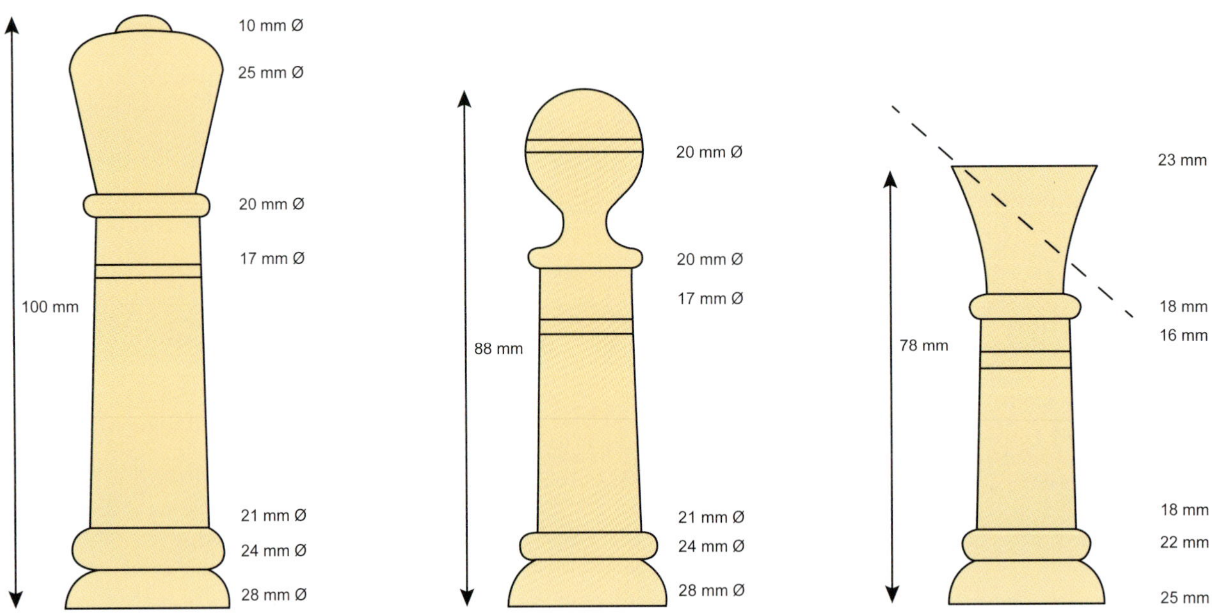

Etwa 24 Stunden nach dem Trocknen der letzten Schicht polierte ich jedes Stück mit meiner Polierbürste. Dieser Vorgang verlieh den Stücken subtile Tiefe und leichten Schein, ohne zu glänzen. Für stärkeren Glanz hätte ich sie mit Carnaubawachs auf dem ausgehärteten Öl poliert.

Einige Schachfiguren werden mit Blei im Sockel beschwert und mit Filz versehen, aber ich war mit meinen zufrieden, wie sie waren. Ich beließ sogar den Spitzenabdruck im Sockel, was für mich selten ist, aber es schien mir im Einklang mit vielen Schachspielen zu stehen, die ich gesehen hatte, und machte mir keine Sorgen, da es ordentlich und regelmäßig war.

Ich hatte schon lange Schachfiguren fertigen wollen, und als ich endlich dazu kam, genoss ich jede Phase des Prozesses vom Entwurf bis zum Drechseln, von der Herausforderung der Verzierungen der Ritter und Türme und dem Zusehen, wie die Schwärzlösung ihre Arbeit verrichtete, bis zum abschließenden Polieren.

Polieren mit der Polierbürste.

Das fertige Schachspiel.

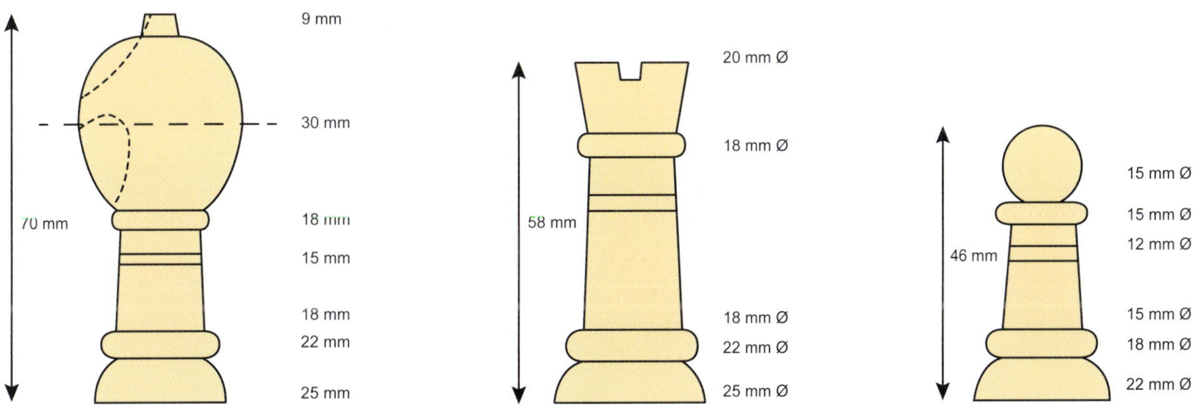

Kryptex

Ein Kryptex ist ein Tresor, der wie ein Fahrradschloss funktioniert, mit Ringen, auf denen Zahlen, Buchstaben oder Symbole angebracht sind. Wenn die richtigen Stellen gereiht sind, lässt sich das Schloss – oder hier: der Behälter – öffnen. Ich stieß zum ersten Mal auf ein Kryptex, als ich Dan Browns Roman „Sakrileg“ las. Ich hatte zwar schon vorher welche gesehen, aber nie wirklich geschaut, wie sie funktionieren oder hergestellt werden. Nun hatte ich Gelegenheit dazu.

RECHERCHE

Ich musste etwas recherchieren, also war meine erste Anlaufstelle YouTube. Eine einfache Suche ergab eine Vielzahl an Videos mit Basteleien aus Kunststoffrohren und -rohrverbindern bis hin zu technisch höchst versierten Projekten mit Kugellagern und einstellbaren Codes. Am meisten interessierten mich natürlich die Drechselvideos, von denen es mehrere gab – einige besser als andere. Einige Videos musste ich öfter ansehen, um gänzlich nachzuvollziehen, was ich zu tun hatte. Das Konzept eines Kryptex ist ziemlich einfach, aber es gibt viele Komponenten, bei denen jeweils mehrere Arbeitsschritte nötig sind, wodurch es schnell zu einem komplexen Projekt heranwächst. Das auf Anhieb hinzubekommen, würde eine große Herausforderung werden.

HOLZ UND BOHRER

Da die beiden Röhren die Basis bilden, um die herum alles funktioniert, wollte ich sehen, welche meiner Bohrer sich am besten eigneten. Nach einiger Überlegung entschied ich mich für zwei meiner alten Forstnerbohrer (38 mm und 28 mm). Mit ihnen konnte ich die Wandstärke meiner Röhren bei etwa 6 mm halten, was mir als gute Balance zwischen Stabilität und Leichtigkeit erschien.

Nach dieser Entscheidung zeichnete ich mein Kryptex in voller Größe, was mir alle fehlenden Informationen lieferte, etwa Breite und Durchmesser der Ringe, und ich konnte das Design meiner Endstücke festlegen. Somit konnte ich auch erarbeiten, wie ich den fixen Ring anfertigen sollte, das Schlüsselelement, das alles zusammenhält und keine Nebensache, sondern integraler Bestandteil des Werks ist. Außerdem ließen sich die meisten Maße aus der Zeichnung ableiten. Ich hatte mir beim Betrachten der Videos keine Maße notiert (wenn welche angegeben worden waren), weshalb meine ausschließlich auf dem beruhten, was ich für richtig hielt – und auf meinen Bohrergrößen.

Nach Durchsicht meines Holzstapels verwendete ich für alle sichtbaren Teile ein Brett aus Buchenholz und für die Röhren Tulpenbaumholz. Statt einen Längsholzrohling mit großem Durchmesser zu suchen, hobelte ich für die Ringe und Endstücke ein 40 mm dickes Buchenholzbrett auf 28 mm herunter. Ich schnitt genug für einen Ring ab, sobald jede Seite des Bretts sauber war. Es war dick genug, um Endstücke und fixen Ring aus einem einzigen Stück zu formen, wodurch die Maserung perfekt übereinstimmen und das Ganze am Ende besser aussehen sollte.

Als das Buchenholz auf 28 mm gehobelt war, schnitt ich sechs Quadrate aus und deren Ecken mit meiner Tischsäge ab, sodass sie grobe Achtecke wurden. Diese Technik wende ich als Berufsdrechsler für kleine Scheiben regelmäßig an, da es viel schneller geht, als jedes Teil einzeln auf der Bandsäge abzurunden, und ich Scheiben so schnell und sauber auf der Drehmaschine drechseln kann. Dann schnitt ich noch zwei Spindelrohlinge aus Tulpenbaum für die Röhren zu, und schon war ich startklar.

DIE RÖHREN

Ich nenne diese Teile „Röhren“, aber die Bohrung ist nur 120 mm tief und das Ende bleibt massiv. Von daher ist „Röhre“ technisch nicht ganz korrekt, aber wohl die einfachste Bezeichnung.

Ich hatte zwei Quader (50 x 50 mm), die mit 160 mm etwas zu lang waren. Meine C-Klemme hat einen 56-mm-Zapfen. Wenn ich die Stücke abrundete, würden sie also

Das mit meiner Zeichnung versehene Holz und die Bohreraufsätze.

Bohren der Röhren.

Gebohrt und bereit zum Drechseln.

Die Röhren zu Zylindern drechseln.

Passformprobe.

nicht in das Spannfutter passen, deshalb blieben sie rechteckig. Nach dem Markieren der Mittelpunkte war es ein Leichtes, sie mit der Körnerspitze auszurichten und ins Futter zu spannen. Mit dem sicher gehaltenen Holz lief das Bohren problemlos. Tulpenbaumholz lässt sich leicht bearbeiten, und solange ich den Bohrer oft leerte, wurde das Loch gerade und recht sauber.

Nach dem Bohren beider Teile drechselte ich die innere Röhre so, dass sie genau in das größere Loch passte. Dann verwandelte ich auch das größere Stück in einen Zylinder. Beide wurden zwischen Mitnehmer und einem auf die Körnerspitze aufgesetzten großen Kegel gedrechselt.

DIE RINGE

Als Nächstes kam die Herstellung der Ringe. Ich markierte die Mitte jedes Rings und drehte sie einzeln zwischen Spitzen auf einen gleichmäßigen Durchmesser von 70 mm. Da sie quer gemasert waren, wie Rohlinge von Minischalen, nahm ich die Spindelröhre und erhielt eine schöne glatte Oberfläche. Dann schrägte ich die Kanten mit dem Flügel der Röhre ab, um etwaige Makel zu verbergen, die sich während der Herstellung einschleichen könnten.

Drechseln der Scheiben.

Als die vier Scheiben fertig waren, musste ich sie aushöhlen und zu Ringen verarbeiten. Am einfachsten ging das mit meinen Klemmplatten, die mit hölzernen Backen ausgestattet sind und Werkstücke halten, ohne sie zu beschädigen. Jede Scheibe wurde darin montiert und ausgehöhlt, damit sie auf die äußere Röhre passte.

Ich sage immer wieder „eng anliegend", um zu beschreiben, wie alles zusammenpasst. Das mag etwas vage klingen, aber ich wollte eine Passform, die leicht gleitet, ohne zu fest zu sein und ohne zu klappern. Vielleicht gibt es ein technischeres Wort dafür, aber „eng anliegend" scheint mir das richtige.

Ich wusste, dass ich noch an den Ringen arbeiten musste, damit die Verriegelung funktionierte, aber da dies mein erster Versuch eines Kryptex war, wollte ich sie vorerst liegen lassen und es später mit mehr Informationen (und Selbstvertrauen) probieren.

Mit dem Flügel meiner Röhre eine Schräge ausarbeiten.

Die Klemmplatten sind mit hölzernen Backen ausgestattet.

Aushöhlen der Scheiben, um Ringe zu erhalten.

DAS ENDSTÜCK

Die Endstücke waren der nächste Schritt. Ich musste die Innenseite aushöhlen, damit sie auf die Röhre passte, aber ich brauchte auch Zugang, um das Ende des Stücks zu drechseln. Mein Entwurf bestand aus zwei Wülsten, die eine natürliche Unterbrechung darstellten, die ich für das Endstück der inneren Röhre und den fixen Ring teilen konnte. Das Endstück für die äußere Röhre war ein einziges Stück, also begann ich damit.

Nachdem ich es wie die Ringe zu einer Scheibe gedreht hatte, montierte ich es in den Holzbacken. Ich wählte einen 45-mm-Forstnerbohrer und bohrte ein Anschlagloch in das Endstück, damit es auf das Ende der äußeren Röhre passte. Dann bohrte ich ein 8-mm-Loch weiter in das Endstück; so konnte ich es auf meinem Schraubfutter befestigen, um es sicher zu halten und die äußere gewölbte Form zu drechseln.

Das Endstück bohren.

Das Endstück drechseln.

Das Endstück auf mein Schraubfutter montieren.

DIE GROSSE RÖHRE

Ich spannte die große Röhre wieder auf die Drehmaschine und drechselte das geschlossene Ende zwischen Spitzen so, dass es in das Endstück passte. Jetzt konnte ich meine erste Passprobe des kompletten Teils vornehmen. Ich setzte das Endstück an, schob die vier Ringe auf und markierte die Position für den fixen Ring, der die anderen halten würde. In dem Wissen, dass der kleinere Ring am Endstück, der der fixe Ring werden würde, 8 mm breit war, längte ich die äußere Röhre auf Endmaß ab. Auch die innere Röhre drechselte ich auf die endgültige Länge, die der Länge des Lochs der Außenröhre zuzüglich eines Zapfens für das Endstück entsprach.

Nun konnte ich den Schlitz an der Seite der Außenröhre anbringen. Dies wäre auf mehrere Weisen möglich gewesen, aber am einfachsten und saubersten ging es mithilfe meiner selbst gebauten Oberfräsenhalterung auf der Drehmaschine in Verbindung mit meinem Teilapparat. Mir war bewusst, dass der Körnerspitzenkegel gut in das Rohr hineinpasste. Ich markierte dies an der Außenseite der Röhre, damit ich ihn nicht mit dem Fräser traf. Ich führte die Oberfräse vorsichtig hin und her, bis ich durchstieß, und verlängerte den Schlitz so weit, wie es mir angenehm war. Dann spannte ich die Röhre in meinen Schraubstock, vollendete den Schnitt mit meiner Feinsäge und säuberte ihn mit einem Meißel.

Passprobe der Ringe an der äußeren Röhre.

Markieren der Position für den fixen Ring.

Drehen des Zapfens für die Endstücke.

Fräsen des Schlitzes in der äußeren Röhre.

Öffnen des Schlitzes.

Der zugeschnittene Schlitz.

Die fertige äußere Röhre.

V. l. n. r.: Drechseln des fixen Rings, Fertigstellen des Endstücks auf einem Klemmfutter, zur Probe zusammengesetzte Endstücke mit fixem Ring.

DAS ZWEITE ENDSTÜCK

Mir war bewusst, dass ich bei der Herstellung der Einzelteile etwas ineffizient herumsprang. Wenn ich mehrere gefertigt hätte, wäre ich mit den Maßen usw. sicherer gewesen, aber da ich das Werk erst entwickelte, musste ich einen Schritt nach dem anderen machen. Es frustrierte, da ich Spannfutter und Mitnehmer in der Drehmaschine wechseln musste, was ich normalerweise möglichst vermeide, aber bei diesem Prototyp hatte ich so die besten Aussichten auf Erfolg. Der letzte Teil der äußeren Röhre war also die Herstellung des fixen Rings, was mich zum Endstück der inneren Röhre führte.

Ich montierte die dickere Scheibe, die ich zuvor beiseitegelegt hatte, wieder zwischen Spitzen und drechselte sie zu einer Scheibe, bevor ich sie in mein hölzernes Klemmfutter spannte und mit dem 28-mm-Forstnerbohrer ein 8 mm tiefes Loch bohrte. Dann drechselte ich wieder zwischen Spitzen den ersten, kleineren Wulst. Als ich damit zufrieden war, dass sie zum anderen Endstück passte, schliff ich sie und stach sie ab. Dieser kleine, wulstige Ring würde als mein fixer Ring alle anderen Ringe auf der äußeren Röhre halten, aber bei geschlossenem Kryptex wirken, als sei er Teil des Endstücks.

Ich steckte den Rest des Endstücks zurück in das hölzerne Futter und bohrte es so, dass es auf das Ende der Innenröhre passte. Diesmal reichte das Holz nicht für mein Schraubfutter, also entschied ich mich, ein Klemmfutter aus Nadelholzresten anzufertigen und drechselte es so, dass es zu dem anderen Endstück passte.

DÜBEL

Mit dem 10-mm-Schlitz in der äußeren Röhre konnte ich 8-mm-Dübel drechseln, die in die innere Röhre passen. Dazu musste ich nur ein Stück Buchenholz einspannen und auf 8 mm drechseln, leicht anschleifen und dann abstechen. Die Crux war die korrekte Platzierung in der Seite der inneren Röhre. Ich merkte bald, dass ich den Schlitz in der äußeren Röhre nicht weit genug gefräst hatte, was ich schnell mit Säge und Meißel korrigierte. Er war jetzt zwar viel unsauberer gearbeitet, aber das war kein Weltuntergang, da niemand es sehen würde; sollte ich ein weiteres Exemplar herstellen, fräse ich den Schlitz bis zum Boden der Röhre.
Ich markierte die Positionen der Dübel, indem ich alles bis auf die Ringe zusammensetzte und auf die Werkbank legte. Ich richtete die Ringe an ihrer tatsächlichen Position aus und zeichnete sie auf dem äußeren Rohr an. Nun konnte ich die Dübel so platzieren, dass sich die Ringe drehten (nach weiterem Aushöhlen), aber das Passieren der Dübel blockierten, solange sie nicht in der richtigen Position waren. Sobald die Markierung passte, bohrte ich mit der Tischbohrmaschine die 8-mm-Löcher, wobei ich darauf achtete, die Röhre nicht zu durchbohren. Dann leimte ich die Dübel in die Wand der inneren Röhre.

Anordnen der Dübel.

Bohren der Löcher für die Dübel.

Einleimen der Dübel.

Drechseln des Dübelraumes im Ringinneren.

Sägen der Kerben in die Ringe.

Herausschneiden der Lücke.

FERTIGSTELLUNG DER RINGE

Der Innendurchmesser der Ringe war immer noch gleich, also musste ich Raum für die Dübel darunter schaffen. Ich musste sie auf die halbe Tiefe und halbe Wandstärke aushöhlen, also steckte ich sie einzeln ins Spannfutter, schnitt mit meiner Spindelröhre direkt in den Ring und begradigte den Schnitt mit einem vierkantigen Schaber mit negativer Fase.

Als die Ringe gedrechselt waren, arbeitete ich die Kerbe aus, mit der alles funktioniert. Ich kämpfte gegen meinen Instinkt an, die Teile an der Maserung auszurichten, da das Rätsel sonst zu leicht würde, und markierte zufällige Punkte auf jedem Ring, um die Position der Kerbe zu bestimmen. Ich spannte jeden Ring in meinen kleinen Schraubstock mit hölzernen Backen und führte am Ringinneren einige Striche mit einer japanischen Stichsäge aus, die klein genug war, um durch den Ring zu passen. Dann entfernte ich die Holzreste mit einem schmalen Meißel. Die Kerbe wurde aus allen vier Ringen und dem festen Ring herausgeschnitten.

BRANDMALEN DER MARKIERUNGEN

Ich stapelte die Ringe mit den Kerben übereinander und spannte sie mithilfe von Kegeln an beiden Enden auf die Drehmaschine. Mit meinem Teilapparat zeichnete ich mit einem Bleistift, der auf der Werkzeugauflage in Mittelhöhe auflag, sechs gleichmäßig verteilte Positionen rund um die Ringe an.

Nun konnte ich die festgelegten Positionen mit Symbolen versehen. Schon die ganze Zeit hatte ich gegrübelt, welche ich verwenden wollte. Schon früh entschied ich mich für Brandmalerei. Meine Handschrift ist zwar (meistens) perfekt lesbar, aber von Kalligrafie meilenweit entfernt, weshalb ich glaubte, dass Symbole gut passen würden. Ich wollte etwas, das vertraut aussah, aber auch abstrakt genug war, um meine schlechte Schrift und mangelnden Brandmalkenntnisse zu verbergen. Nach einigem Grübeln und Herumspielen auf meinem Laptop entschied ich mich für griechische Buchstaben. Sie wirken vertraut und doch exotisch, zumindest für mein Auge, und da das Wort „Kryptex“ aus dem Griechischen stammt und „verborgenes Geheimnis“ bedeutet, schien es mir passend. Ich wählte sieben Buchstaben, die mir gut gefielen und sich in geeigneter Weise mischen ließen. Meine einzige kleine Sorge war, griechische Leser zu beleidigen – sei es durch meine schlechte Schrift oder durch ein versehentlich geschriebenes Schimpfwort.

Ich druckte die Buchstaben in Schriftgröße 100 aus und nahm sie zum Üben mit in die Werkstatt – ich übte erst mit

Markieren der sechs Positionen der Symbole auf der Drehmaschine.

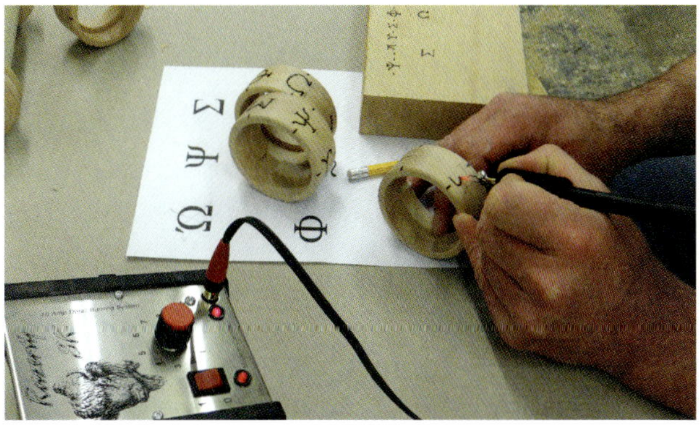

Brandmalen der griechischen Buchstaben auf die Ringe.

einem Bleistift auf Papier, dann mit meinem Brennstift auf einem Stück Holz. Nach einiger Übung zeichnete ich die Symbole zart auf die Ringe, holte tief Luft und legte los.

Ich begann mit einer einfachen Linie am Rand jedes Rings zum Ausrichten und Linien auf den Endstücken. Dann wandte ich mich den Symbolen zu. Ich war bald mit allen fertig und mit dem Ergebnis zufrieden, auch wenn jemand Geübteres mit dem Brennstift es viel besser hinbekommen hätte.

FERTIGSTELLUNG

Alles war nun gedreht, geschliffen, testweise zusammengebaut und gebrannt. Fehlten noch das Versiegeln der Einzelteile und ihr Zusammenbau. Öl war die einfachste Lösung, die komplexen Teile zu versiegeln und die Endstücke innen auszulassen, da diese verleimt würden und kein Öl brauchten. Der einzige Nachteil war, dass Buche sehr viel Öl aufnimmt, weshalb eine gute, gleichmäßige Oberfläche schwierig zu erzielen sein kann. Nach vier Schichten Hartwachsöl sah es gut aus, wenn auch für meinen Geschmack ein wenig matt, also polierte ich jedes Teil mit Carnaubawachs, das einen schönen, weichen Glanz auf dem Holz hinterließ.

Für den Zusammenbau des Kryptex leimte ich die Endstücke auf jede Röhre und schob die Ringe vorsichtig auf die äußere Röhre, bevor ich den fixen Ring anklebte. Ich achtete sehr darauf, dass kein Leim austrat und die Ringe versehentlich festklebte, da sie sich frei drehen mussten. Nach einem kurzen Test war das Kryptex fertig.

Dieses Rätsel hat in jeder Hinsicht, auch in der Herstellung, Spaß gemacht. Die größte Schwäche ist meine mangelnde Geschicklichkeit und Übung in der Brandmalerei, aber sonst war ich sehr zufrieden damit, wie das Rätsel aussah und sich anfühlte. Durch die Kombination von vier Ringen mit je sechs Symbolen gibt es 1296 mögliche Kombinationen (6 x 6 x 6 x 6) – ein zusätzlicher Ring oder auch sieben statt sechs Symbolen erhöhen die Zahl der möglichen Kombinationen enorm.

Die Einzelteile bereit zum Zusammenbau.

Verleimen von Endstücken und fixem Ring.

Das fertige Kryptex.

Kendama

Das sollte eine lustige Herausforderung werden: Ich kannte Kendama schon und die Tricks, die man damit machen kann, aber ich hatte noch nie selbst eines gebaut. Ich freute mich darauf – und darauf, vielleicht ein paar Tricks zu lernen. Ein Kendama ist ein japanisches Geschicklichkeitsspielzeug, das dem traditionellen Kinderspiel mit Ball und Becher ähnelt. Allerdings hat das Kendama als größere Herausforderung drei unterschiedlich große Becher und besteht aus drei Teilen. „Ken" bedeutet „Schwert" und ist der zentrale Schaft mit einer abgerundeten Spitze oben und einem kleinen Becher unten. „Sarado" ist das Querstück, das auf dem Schaft sitzt, mit einem kegelförmigen Loch gehalten wird und zwei unterschiedlich große Becher aufweist. Die Kugel wird „Tama" genannt, und alle drei Teile sind mit einem Stück Schnur verbunden.

RECHERCHE

Nach dem, was ich online sah, schien es Kendama in verschiedenen Größen zu geben. Ich war jedoch davon ausgegangen, dass es eine „Standardgröße" oder „offizielle Wettkampfgröße" geben müsse, da in Japan jedes Jahr eine Kendama-Weltmeisterschaft und auf der ganzen Welt verschiedene andere Wettbewerbe abgehalten werden.

Vielleicht liegt es daran, dass ich als Brite Regeln und Richtlinien mag, oder einfach daran, dass bei jeder anderen Sportart, die ich kenne, das Sportgerät – ob ein Ball oder ein Schläger – bestimmten Vorschriften entsprechen muss, um im Wettkampf zugelassen zu werden. Auch nach längerem Suchen konnte ich jedoch keine offiziellen Maße für ein Kendama finden. Ich prüfte mehrere Quellen, berechnete den Größendurchschnitt und fand so meine eigenen Maße für mein Kendama, von denen ich dachte, dass sie authentisch wirken würden.

Viele Videos im Internet zeigen, wie unterschiedlich die Leute ihre Kendama hergestellt haben – einige sind recht kreativ, andere sehen eher fragwürdig aus. Als größte Herausforderung erschien mir die Fertigung des Sarado, das an beiden Enden Becher hat. Nach einigem Nachdenken hatte ich einen Plan und war bereit, loszulegen.

HOLZ

Die Kugel hatte den größten Durchmesser, etwa 62 mm, und ich fand ein passendes Stück Buche. Außerdem fand ich einen Buchenholzrest von einem Brett mit dem Durchmesser 55 mm, der perfekt für Ken und Sarado geeignet war. Die meisten im Handel erhältlichen Kendama scheinen aus Buche gefertigt zu sein, also war dies wohl eine sichere Wahl, auch wenn man bestimmt auch fast jedes andere Holz verwenden könnte.

Hier verwendete Rohlinge:

Tama: 64 x 64 x 110 mm
Ken: 55 x 55 x 180 mm
Sarado: 55 x 55 x 75 mm

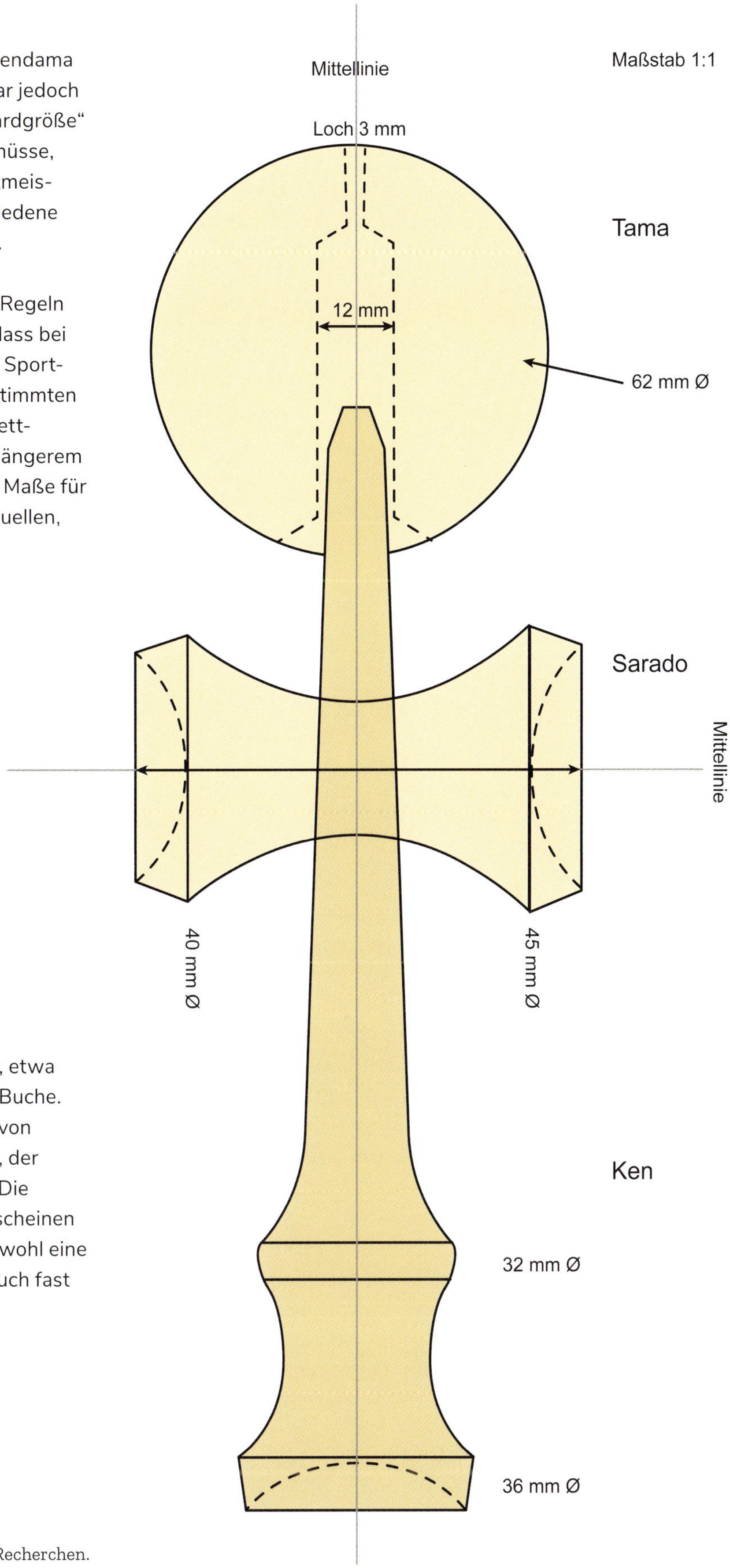

Rechts: Mein Kendama-Entwurf anhand meiner Recherchen.

Drechseln des Tama.

Bohren des Lochs in die Kugel.

TAMA

Das Tama (Kugel) schien ein guter Anfang zu sein. Ich habe schon viele Kugeln gedrechselt, auch lose Kugeln, meist aber als Teile von Zierspitzen. Diese hier brauchte ein Loch für das Ken, also hielt ich sie im Spannfutter und drechselte sie vor dem Bohren möglichst weit, anstatt eine komplette Kugel zu drechseln und dann zu versuchen, ein Loch hineinzubohren. Manchmal reicht eine ungefähre Kugelform, da es sich aber hier um ein haptisches Objekt handelte, das in der Hand gehalten würde, musste es genau sein. Also schnitt ich zur Orientierung eine MDF-Schablone aus. Der Rohling war bewusst überlang, damit ich genug Platz zwischen der Kugel und dem Spannfutter hatte. Es gibt nichts Dümmeres als den Kampf um Platz zum Arbeiten zwischen einem großen, sich drehenden Spannfutter und dem Werkstück. Ich drechselte es zunächst nach Augenmaß und verfeinerte dann mit der Schablone. Bevor die Verbindung zwischen Spannfutter und Kugel zu schmal wurde, bohrte ich mithilfe eines Bohrfutters im Reitstock ein 12 mm breites, 45 mm tiefes Loch. Dann schrägte ich den Rand des Lochs mit dem Flügel meiner Spindelröhre ab. Ich verfeinerte die Kugel weiter und rundete sie ab, bis ich sie abstechen konnte.

Prüfung mit Schablone vor dem Abstechen.

Formkorrektur zwischen hölzernen Bechern.

Wenn Sie schon eine perfekte Kugel haben, schleifen Sie sie vor dem Abstechen und säubern dann nur noch den kleinen, übrig gebliebenen Stift. Ich war mit meiner Kugel nicht ganz zufrieden, also wollte ich sie mit einem Becherpaar perfektionieren, das ins Spannfutter und auf die Körnerspitze passte. Da ich die Kugel mit senkrechter Maserung aufspannte, konnte ich die Form mit leicht ziehenden Schnitten verfeinern. Ich drehte sie und wiederholte dies einige Male, trug winzige Mengen ab und verbesserte sie allmählich. Dann schliff ich sie mit Körnungen von 120 bis 240, wobei ich die Ausrichtung der Kugel mehrmals änderte, und beendete den Vorgang mit einem feinen Schleifpad. Meine fertige Kugel war mit einem Durchmesser von 61 mm etwas kleiner als beabsichtigt, aber noch innerhalb der Toleranz.

Prüfung der Größe des fertigen Tama.

SARADO

Als Erstes suchte ich die Mitte einer Seite des Sarado-Rohlings, um mit einem 10-mm-Bohrer an meiner Tischbohrmaschine hindurch zu bohren. So entstand das Loch, durch das es quer auf dem Ken sitzen konnte. Das Bohren noch vor dem Drechseln war sinnvoll, da es danach wegen der unterschiedlichen Durchmesser an beiden Enden kaum möglich wäre, ein mittiges und gerades Loch hinzubekommen. Hier war mein größtes Risiko, dass die Ränder des Lochs beim Drehen ausreißen könnten, was ich mir bei einem so kleinen Loch jedoch nicht erwartete.

Ich musste an beiden Enden je einen Becher drehen, hatte online aber keine Methode für eine perfekt glatte Wölbung gefunden. Meine Lösung war, den Rohling zu einem Zylinder zu drehen und an jedem Ende einen Zapfen anzubringen. Meine C-Backen halten einen 56 mm großen Zapfen, aber der Vorteil eines Spiralfutters ist, dass es, obwohl 56 mm die perfekte Größe ist, ohne Weiteres (und vor allem sicher) auch 6 mm mehr oder weniger hält, weshalb mein 55 mm großer Rohling kein Problem darstellte. Die Becher waren mit 40 und 35 mm beide kleiner als das Holz, also markierte ich die Durchmesser mit dem Zirkel und begann, den Holzüberschuss mit meiner Spindelröhre abzutragen. Ich benutzte den unteren Flügel mit der Flöte auf 10 Uhr und schwenkte den Griff von mir weg, wie beim Aushöhlen eines Behälters. Als ich der gewünschten Form näher kam, wechselte ich zu meinem gebogenen Schaber mit negativer Fase und perfektionierte die Wölbung.

Mit der Schablone für die Kugel hatte ich auch die Negativschablone angefertigt, um die Wölbung der Becher überprüfen zu können. Die einzige Anleitung, die ich online fand, besagte, dass der Becher tiefer als die Kugel sein sollte, was das Fangen der Kugel etwas erleichtere, also achtete ich beim Testen darauf, dass sie nur den Rand berührte. Als ich damit zufrieden war, schliff ich den Becher so wie den Ball. Ich drehte den Sarado-Rohling im Futter um und schnitt den anderen Becher auf die gleiche Weise zu.

Bohren durch den Sarado-Rohling.

Drechseln des Bechers mit einer Spindelröhre.

Verfeinern des Bechers mit einem Schaber mit negativer Fase.

Prüfung mit Schablone: Der Becher ist tiefer als die Kugel.

DAS KONISCHE LOCH

Ich hatte nun einen zylindrischen Rohling mit gedrechselten Bechern an jedem Ende. Bevor ich weitermachen konnte, musste ich mich um das konische Loch kümmern, dessen großer Vorteil ist, dass es sicher hält, sich aber lösen lässt, sodass man das Kendama auseinandernehmen kann, wenn etwas kaputtgeht oder die Schnur ersetzt werden muss.

Für mich war die Verjüngung kein Problem, da ich ein Paar spitz zulaufender Reibahlen habe, die eine perfekte 6°-Verjüngung erzeugen, eine kleine (ideal für diesen Zweck) und eine größere (eher für Stühle geeignet). Sie werden als Cello-Reibahlen geführt, da sie für Musikinstrumente entwickelt wurden, sind aber vielseitig einsetzbar. Ich spannte den Rohling einfach in meinen Schraubstock ein und drehte die Reibahle so lange durch das Loch, bis es über die gesamte Länge spitz zulief.

Was aber, wenn Sie keine Reibahle haben? Es gibt konische Bohrer und Stufenbohrer, mit denen das ebenso funktionieren kann. Ein YouTuber hat mit mehreren verschieden großen Bohrern ein gestuftes Loch gebohrt. Dies ließe sich vielleicht verbessern, indem man die Verjüngung mit einem kleinen Schnitzbeitel glättet. Eine Onlinequelle zeigt, wie das Sarado mit dem Loch in der Mitte auf die Drehmaschine gespannt und das konische Loch gedrechselt wird, was zwar komplizierter ist, aber definitiv eine Option. Alternativ könnte man ein gerades Loch bohren, und solange die Passung auf dem Ken fest ist und die Verjüngung des Schafts an der richtigen Stelle beginnt, sollte das Sarado immer noch fest sitzen. Leim ist keine Option, da das Sarado abnehmbar sein muss.

Zuspitzen des Lochs im Sarado mit einer Reibahle.

DRECHSELN DES SARADO

Nach dem Ausfräsen des konischen Lochs durch das Sarado musste ich dieses zwischen Spitzen montieren und durfte dabei die Becher nicht beschädigen. Also drechselte ich mithilfe der Kugelschablone eine Kuppel für mein Futter. Dann bohrte ich ein Gewinde in ein Stück Tulpenbaumholz, um es auf die Körnerspitze schrauben zu können. Sobald es rund lief, schnitt ich einen Spannzapfen in die Rückseite und spannte das Stück ins Futter, um eine weitere Kuppel zu drechseln. Dann schraubte ich diese wieder auf die Körnerspitze und konnte meine hölzernen Kuppeln zum Drehen des Sarado verwenden. Für eine Standard-Körnerspitze können Sie auch einen Holzbecher drechseln, der darüber passt, und eine Kuppel ausarbeiten.

Die hölzernen Kuppeln für die Spitzen.

Das zwischen den Kuppeln montierte Sarado.

Drechseln des Sarado.

Mit dem zwischen den Kuppeln fest eingespannten Sarado war das Drechseln recht einfach. Ich setzte an jedem Ende mit einem Messschieber Größenschnitte für die gewünschten Durchmesser und arbeitete die 8 mm breite Verjüngung bis zum Becher an jedem Ende aus. Dann konnte ich die fließende Vertiefung in der Mitte drechseln. Sie musste ungefähr der Form des Tama entsprechen, da sie bei Nichtgebrauch und beim Aufstecken der Kugel ordentlich passen muss. Als ich mit der Form zufrieden war, schliff ich sie wie den Rest des Kendama. Als ich das Stück von der Drehmaschine nahm, fiel mir auf, dass die Kanten der Becher sehr scharf waren, also schliff ich sie gründlich rund.

Abschleifen scharfer Kanten von den Bechern.

DRECHSELN DES KEN

Das Ken war von den drei Teilen wohl am leichtesten herzustellen. Wie beim Sarado drechselte ich zuerst zwischen Spitzen einen Zylinder und fügte an einem Ende einen Spannzapfen hinzu. Mit dem Spannfutter konnte ich den Becher unten am Ken wie beim Sarado drechseln. Bei einer Länge von 180 mm arbeitete ich zwar etwas entfernt vom Spannfutter, hatte aber keine Probleme mit Vibrationen. Bei Bedarf kann man die Finger der vorderen Hand zur Unterstützung benutzen.

Drehen des unteren Bechers des Ken.

Zufrieden mit der Schale montierte ich sie wieder zwischen meinem kleinsten Mitnehmer und der immer noch an der Körnerspitze befestigten Holzkuppel. Ich führte einen Schlichtschnitt an der Basis aus und schnitt die 8 mm breite Verjüngung bis zu diesem Schnitt, genau wie beim Sarado. Dann drechselte ich die flache Einbuchtung an der Basis sowie die Verjüngung, die es dem Sarado ermöglichte, fest zu sitzen.

Das Ende brauchte ca. 10 mm Durchmesser, um gut in das 12-mm-Loch des Tama zu passen. Das war der Anhaltspunkt zum Verfeinern der Form, wobei ich meinen Plattenstahl als Meißel verwendete. Mithilfe des kleinen Mitnehmers konnte ich das Ken von der Drehmaschine nehmen, es ins Sarado setzen und anpassen, bis ich zufrieden war. Das Sarado sollte etwa 65 mm über dem Steg am unteren Teil des Ken sitzen. Ich markierte dies, passte an, bis alles genau richtig saß, und schliff es ab. Ich fügte die Verjüngung an der Spitze hinzu, bevor ich das Ken abstach und die Spitze von Hand schliff.

Beginn des Ken-Drechselns.

Verfeinern der Verjüngung, damit sie ins Sarado passt.

Bohren des Ken.

Bohren des Sarado.

BOHREN

Nun musste ich Löcher für die Schnur bohren. An dieser Stelle fühlte ich mich ein wenig unter Druck, da bis jetzt alles so gut gelaufen war. Nichts leichter, als mit Löchern an der falschen Stelle alles zu vermasseln! Ich hatte in einer meiner Kramkisten noch etwas schwarze gewachste Schnur von einem Auftrag über ein paar Schmuckstücke, die ich vor ein paar Jahren angefertigt hatte, und fand sie geeignet für diesen Zweck. Sie war wahrscheinlich etwas steifer als ideal, aber manchmal muss man nehmen, was man kriegen kann. Mit dem Messschieber gemessen war die Schnur knapp 2 mm dick. Ich prüfte an einem dünnen Holzstück, wie gut sie durch das Loch eines 3-mm-Bohrers rutschte, war zufrieden und somit bereit zum Bohren.

Ich begann mit dem Tama. Das war ganz einfach; ich musste nur das vorhandene Loch durchbohren. Das hätte ich auch schon früher beim Bohren machen können, hatte ich aber nicht. Dank der Abschrägung an der Kugel war der Bohrer gerade lang genug, um durchzukommen.

Als Nächstes bohrte ich das Ken. Das war das nächsteinfache Loch, da es gerade durch den Schaft in der Mitte des Sarado gehen musste. Ich markierte die Position und bohrte vorsichtig hindurch und in einen Kork-Schleifklotz, um Schäden am Ken und meiner Werkbank zu vermeiden. Ich versenkte die Rückseite des Lochs, damit der Knoten am Ende der Schnur nicht im Weg war. Die letzten beiden Löcher waren im Sarado. Sie gingen nicht einfach gerade durch die Seite in den Ken, sondern wurden schräg gebohrt. Wie bei den meisten Fragen, die das Kendama aufwarf, habe ich ihre genaue Position anhand von Bildern und Videos geschätzt. Ich bohrte etwa 6 mm weit von der Oberseite des verjüngten Lochs in das Sarado mit dem Ziel, im Loch etwa auf halbem Weg nach unten herauszukommen. Es musste auf jeder Seite ein Loch gebohrt werden, da das Kendama für Links- und Rechtshänder unterschiedlich bespannt war.

EINFÄDELN DER SCHNUR

Jetzt wäre der Moment, das Kendama mit dem Finish Ihrer Wahl zu versehen, ob mit einem einfachen Öl, um das Holz zur Geltung zu bringen, oder mit einer Farbe für das gewisse Etwas. Mein Kendama blieb unbehandelt, also war nun das Einfädeln der Schnur an der Reihe. Ich fädelte die Schnur durch das 3-mm-Loch am Tama, verknotete sie und zog sie zurück. Eigentlich gehört ins Innere der Kugel eine kleine Perle, die, glaube ich, hilft, dass sich die Schnur nicht verdreht. Ich habe keine eingesetzt, könnte aber bei Bedarf eine drechseln oder etwas Passendes kaufen.

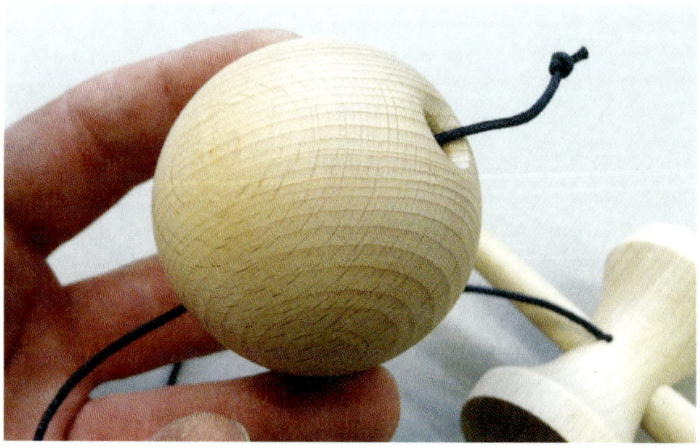

Einfädeln der Schnur in das Tama.

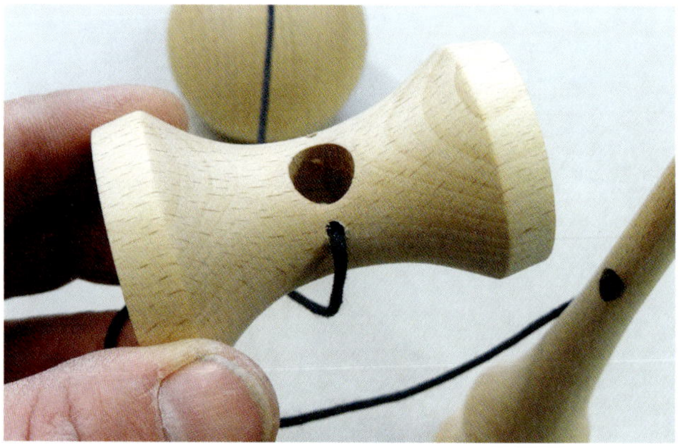

Sicherstellen, dass sie durch das richtige Loch im Sarado läuft.

Der Knoten liegt im versenkten Loch des Ken.

Sarado und Schnur an Ort und Stelle.

Ich bin Linkshänder, also hielt ich das Sarado mit dem großen Becher nach links (Rechtshänder nach rechts) und fädelte die Schnur durch das Loch, das mir am nächsten lag, dann durch das Loch im Ken, verknotete sie und zog den Knoten zurück, damit er im versenkten Loch saß. Das Sarado konnte nun auf das Ken aufgesteckt werden, wobei die Schnur ordentlich an ihrem Platz blieb. Alles passte erstaunlich gut zusammen und fühlte sich gut und solide an.

Überprüfen der Schnurlänge.

Ausprobieren eines einfachen Tricks.

Zuletzt musste ich die Schnurlänge überprüfen. Im Internet wurde empfohlen, dass die Schlaufe zwei bis drei Fingerbreiten länger sein sollte als das Kendama mit aufgestecktem Tama, also schnitt ich die Schnur etwas ab, bis sie genau richtig saß. Jetzt musste ich nur noch ein paar Tricks lernen!

Das fertige Kendama.

Singapur-Kugel

Eine Singapur-Kugel ist ein interessantes Spielzeug, aus dem kleine Stacheln herausragen, aber genug Platz haben, sich zu bewegen und in ihren Löchern zu versinken, sodass sie trotz ihres stacheligen Aussehens stets sicher zu berühren ist. Ich kenne diese Kugeln schon seit vielen Jahren, aber hatte noch nie daran gedacht, eine anzufertigen. Noch bevor ich mich näher damit befasst hatte, war mir klar, dass das fummelig werden würde. Ich beschloss, diese ziemlich beängstigende Herausforderung in Etappen zu unterteilen; das ist zweifellos der beste Weg, um eine scheinbar so komplexe Aufgabe anzugehen. Einfach war für mich das Drechseln der Kugel und der kleinen Stacheln – schwierig das Anzeichnen der Löcher und das Halten der Kugel, um sie zu bohren.

RECHERCHE

Der beste Start für meine Recherche war David Springetts großartiges Buch „Woodturning Wizardry“. Die Singapur-Kugel ist eines der einfacheren Projekte darin – das sollte Sie aber nicht abschrecken. Wenn Sie gern komplizierte Dinge herstellen, die Drechsler und Nichtdrechsler staunen lassen, ist dieses Buch genau richtig für Sie. Davids Kapitel über das Herstellen einer Singapur-Kugel sollte sich als unbezahlbarer Begleiter erweisen!

HOLZ

In meinem Holzstapel fand ich ein für diese Aufgabe perfekt geeignetes Brett aus gedämpfter Buche. Die Idee hinter dem Rätsel ist, dass alles aus einem massiven Holzstück zu sein scheint, weshalb die Stacheln aus sorgfältig ausgewähltem Holz desselben Bretts gefertigt werden. Ich habe allerdings auch Stacheln in Kontrastfarben gesehen, was ziemlich auffällig wirkt. Darum wollte ich die Stacheln zuerst aus Walnuss machen, habe mich dann aber doch für Buche entschieden.

DRECHSELN DER KUGEL

Das Projekt basiert auf einer Kugel mit 62 mm Durchmesser, also habe ich einen Rohling aus 75 mm dicker Buche auf 100 mm zugeschnitten und aufgespannt. Die Kugel könnte händisch gedreht werden wie das Kendama (siehe S. 74), das ich mit einer Spindelröhre fertigte und regelmäßig mit einer MDF-Schablone abglich.

Alternativ gäbe es eine Halterung. Ich hatte die Paul-Howard-Kugelhalterung, die ich regelmäßig für halbkugelförmige Behälter nehme, ironischerweise noch nie für eine Vollkugel benutzt. Nun war es so weit. Ich drehte die Kugel händisch etwas zu groß und richtete die Halterung ein, die die perfekte Kugel zu einem Kinderspiel machte. Sie verwendet einen kleinen Karbidschalenschneider und hinterlässt eine Oberfläche, die sich leicht perfekt schleifen lässt. David beschreibt im Buch, wie man so eine Halterung selbst herstellt, was allen, die gern Futter und Halterungen bauen, großen Spaß bringt.

Unabhängig von der Methode bleiben immer kleine Stummel an jedem Ende der Kugel übrig, wenn man zwischen Spitzen drechselt. Diese sind aufgrund der Beschaffenheit der Halterung dort größer als beim händischen Drechseln.

Prüfen des Fortschritts anhand einer Schablone.

Freihanddrechseln einer Kugel.

Die Kugelhalterung passte nicht ganz um die Kugel.

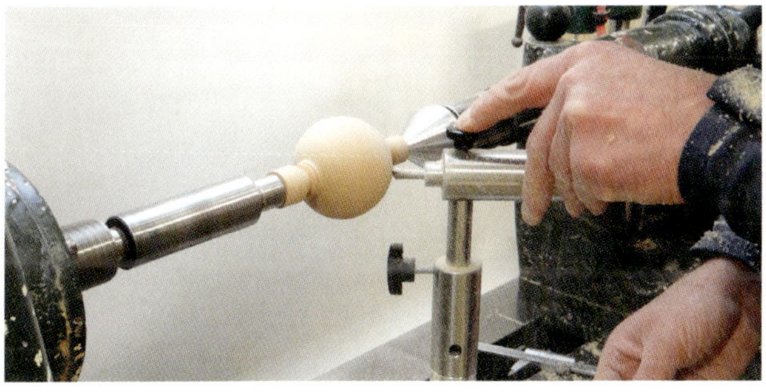

Verwendung einer Kugelhalterung.

Erweitern der Rundung per Hand.

Normalerweise säge ich sie ab und montiere die Kugel zwischen Becher, um die Kugel zu glätten. Ich erkannte aber, dass das in diesem Fall nicht notwendig war, solange diese Reste kleiner waren als die 9 mm Durchmesser für ein Loch, da sie verschwinden würden. Also glich ich das restliche Holz mit einer scharfen Spindelröhre auf 9 mm an, was reichte, um die 62 mm große Kugel zu halten, sägte Überschüsse ab und war nun bereit zum Markieren.

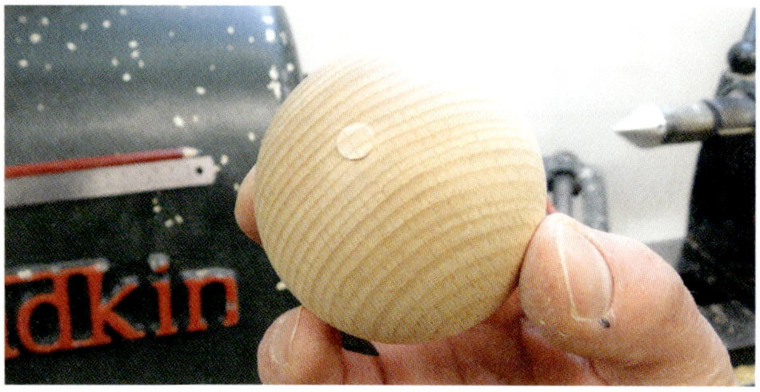

Die fertige Kugel mit erkennbarer Abstichstelle.

MARKIEREN

Das Markieren machte mich bei diesem Projekt ein wenig nervös, denn hier war einiges an Mathematik gefragt. Ich las Davids Anleitung wieder und wieder. Trotz der klaren, praktischen Anweisungen fühlte ich mich immer, als würde mein Gehirn abschalten, sobald in einem Satz mathematische Begriffe verwendet wurden. Nach nochmaligem Lesen und dem Versuch, mir alles vorzustellen, beschloss ich, einfach loszulegen und es auf einen Versuch ankommen zu lassen.
Ich konnte die Enden oder „Pole" meiner Kugel deutlich erkennen und fand, dass die Vorstellung von der Kugel als Globus mit Polen und Äquator eine gute Möglichkeit war, den Überblick zu behalten. Die fertige Kugel würde 32 Löcher haben, aber ich musste mit zwölf gleichmäßig um meine Kugel verteilten Punkten beginnen, und ein Zirkel war das beste Werkzeug dafür. Meine erste Rechenaufgabe lag darin, die Einstellung zu

Markieren des ersten „Wendekreises".

finden, die dem Durchmesser der Kugel entsprach, also 62 mm, multipliziert mit 0,526, was 32,612 mm ergibt – ich denke, das kann man auf 33 mm runden.

Woher kommt die Zahl 0,526? In seinem Buch schrieb David einfach, dass „der Scheitelpunktabstand 0,526 beträgt", aber ich hatte keine Ahnung, was das bedeutete. Vermutlich ist das nicht wirklich wichtig, solange das Ergebnis stimmt, aber ich möchte zumindest versuchen, diese Dinge zu verstehen. Zum Glück ist mein bester Freund Physikprofessor, und so rief ich ihn an – wie immer, wenn mich etwas in Mathematik oder Wissenschaft verwirrt. Da ich zwölf gleichmäßig um die Kugel verteilte Punkte benötigte, musste ich mir eine Form mit zwölf Punkten innerhalb der Kugel vorstellen. Ein Würfel ergäbe acht Punkte (im dreidimensionalen Raum Scheitelpunkte genannt), aber ich brauchte zwölf, also war die Form in der Kugel ein regelmäßiges (d. h. alle Seiten sind gleich groß) Ikosaeder mit 20 Flächen! Zur Berechnung der direkten Länge (Scheitelpunktabstand) zwischen diesen Scheitelpunkten musste ich den Kugeldurchmesser mit 0,526 multiplizieren. Ich setzte meinen auf 33 mm eingestellten Zirkel auf einen der Pole und zeichnete einen Kreis, dann wiederholte ich dies mit dem anderen Pol. So erhielt ich zwei Ringe um meine Kugel, ein bisschen wie die Wendekreise auf einem Globus, etwas oberhalb und unterhalb des Äquators.

Nach den „Wendekreisen" wählte ich einen Punkt und zeichnete Kreise.

Dann wählte ich einen zufälligen Punkt auf einer dieser Linien und zeichnete einen weiteren Kreis mit derselben Zirkeleinstellung. Am Schnittpunkt des Kreises und der Linie musste ich ansetzen und weitere Kreise zeichnen, bis ich wieder am Anfang angelangt war. So erhielt ich fünf Kreise. Dann ging ich zum Schnittpunkt eines dieser Kreise und des „Wendekreises" und wiederholte den Vorgang, wodurch ich weitere fünf Kreise erhielt. Am Ende ergaben die Kreise ein Blumenmuster mit zwölf gleichmäßig verteilten Schnittpunkten.

Eine Singapur-Kugel hat allerdings 32 Stacheln, es fehlten also noch einige. Diesmal musste ich die Mittelpunkte aller Dreiecke finden, die im Muster entstanden waren. Ich stellte den Zirkel nach meiner Schätzung ein und setzte von jeder der drei Ecken jedes Dreiecks eine leichte Markierung in der Mitte. Bei richtiger Schätzung würde ich ein Kreuz erhalten, lag ich etwas daneben, wurde ein kleines Dreieck entstehen, dessen Mitte sich leicht finden ließe. Mit der richtigen Größe auf dem Zirkel (ca. 18 mm) arbeitete ich mich um die Kugel herum und zeichnete kleine Kreuze in die Mitte eines jeden Dreiecks. Ich verstärkte diese mit der Spitze meiner Ahle.

Nun waren die Markierungen für 32 gleichmäßig angeordnete Löcher fertig. Egal, wie oft ich dies lese und schreibe, es hört sich furchtbar kompliziert an, aber in Wirklichkeit ist es bemerkenswert einfach, wenn man Zirkel und Kugel in den Händen hält.

Das Muster enthielt Dreiecke, deren Mittelpunkte ich finden musste.

Bestimmung der Mittelpunkte der Dreiecke mit dem Zirkel.

Fertiggestellte Markierungen.

DIE HALTERUNG

Nach dem Anzeichnen meiner 32 Punkte musste ich sie als Nächstes bohren und leicht vergrößern, damit sich die Stacheln im Inneren frei bewegen konnten. In Davids Buch gibt es sehr klare Anweisungen für die Herstellung der Halterung: im Wesentlichen ein ausgehöhlter Klotz, in dem die Kugel untergebracht wird, und ein Sicherungsring, der die Kugel festhält und eine Fläche zum Bearbeiten bietet. Ich hatte eine ähnliche Halterung schon zum Aushöhlen kugelförmiger Behälter gebaut.

Ich verwendete einen Kiefernholzwürfel mit 100 mm Seitenlänge und ein 100 mm langes Stück eines Holzbretts (100 x 25 mm) für den Ring, einige M6-Gewindeeinsätze und 28 mm lange M6-Senkkopfschrauben.

Bauteile für die Kugelhalterung.

Aushöhlen des Kiefernholzrohlings zum Halten der Kugel.

Einsetzen der Gewindeeinsätze.

Aushöhlen des Sicherungsrings.

Kehlen der Unterseite des Rings zum Halten der Kugel.

Ich rundete den Würfel mit der Bandsäge grob ab und spannte ihn auf ein Schraubfutter. Sobald er zu einem Zylinder gedrechselt war, begann ich mit dem Aushöhlen auf der Stirnseite, die die Kugel halten sollte. Ich merkte, dass ich nicht die ganzen 100 mm brauchte, also reduzierte ich sie auf 70 mm, was sich viel stabiler anfühlte. Zur Kontrolle fertigte ich eine weitere MDF-Schablone der 62-mm-Kugel an.

Als ich mit der Passform der Kugel zufrieden war, markierte, bohrte und montierte ich die Einsätze in die Halterung. Als Nächstes folgte der Ring, also markierte ich die Positionen der Löcher auf dem dünneren Stück Kiefer und bohrte sie mit einem 8-mm-Bohrer. Sie saßen gut, also schraubte ich die beiden Teile zusammen. Für den Ring drechselte ich ein Loch durch den dünneren Teil, vergrößerte es auf ca. 45 mm und höhlte dann die Innenseite des Rings mit meiner Spindelröhre aus, als ob ich unter den Rand eines Behälters schneiden würde. Nach einigen Probezusammenbauten und einer kleinen Anpassung passte alles gut zusammen und der Ring hielt die Kugel fest an ihrem Platz, ließ mir aber einen Teil von ihr zur Bearbeitung.

Ganz oben und oben: Prüfung des Sitzes des Sicherungsrings.

BOHREN UND AUSHÖHLEN

Ich setzte die Kugel in die Halterung und montierte den Sicherungsring mit den drei M6-Schrauben. Beim ersten Mal war es etwas fummelig, aber wenn ein Loch fertig war, musste ich zum Justieren nur die Schrauben lösen, die Kugel bewegen und wieder festziehen – eine recht simple Arbeit.

Ich verwendete einen 9-mm-Holzspiralbohrer für saubere Löcher. Ich markierte 15 mm von der Spitze mit Permanentmarker, um eine gleichmäßige Tiefe zu erhalten, und setzte den Bohrer an die erste Markierung auf der Kugel. Er hielt die Kugel mit leichtem Druck in Position, während ich die Schrauben festzog. Ich startete die Drehmaschine, bohrte auf die gewünschte Tiefe und schob den Reitstock das Bankbett hinunter und aus dem Weg.

Jedes Loch musste etwas ausgehöhlt werden, damit sich der Stachel frei bewegen konnte. David schleift in seinem Buch einen speziellen kleinen Schaber für diese Aufgabe zu, aber nach einigem Nachdenken sah ich keine Notwendigkeit dafür. Ich entschied mich für eine 6-mm-Spindelröhre und vergrößerte das Innere des Lochs, als ob ich einen Behälter oder eine kleine Hohlform durch ein kleines Loch aushöhlen würde. Es war wichtig, die eigentliche Öffnung des Lochs nicht zu berühren, da diese auf 9 mm bleiben sollte, aber hinter dem sichtbaren Loch musste eine abgerundete Aussparung sein, um den Stachel aufzunehmen. Ich schnitt das Erste etwas vorsichtig, aber dann war ich sicher, dass diese Methode gut funktionieren würde. Ich schliff leicht mit 320er-Schleifpapier und einem roten Schleifpad um das Loch herum und hielt die Maschine an. Ich löste die drei Schrauben, rollte die Kugel zur nächsten Position, richtete sie wieder mit der Bohrerspitze aus und wiederholte den Vorgang.

Ich kam in einen ziemlich guten Rhythmus, bohrte alle Löcher und höhlte dahinter mit meiner kleinen Spindelröhre aus. Ich brauchte ca. 80 Minuten für alle 32 Löcher. An einigen Stellen schnitt ich versehentlich an der Unterseite der Aushöhlung durch und konnte ein wenig Licht durch die Aussparungen sehen, aber David erklärt in seinem Buch, dass das kein Problem ist, da die Stacheln es unmöglich machen, dies zu sehen, wenn sie erst einmal angebracht sind.

Ich rieb die Kugel mit einem roten Schleifpad einmal rundherum ab, um sicherzustellen, dass alle Bleistiftstriche und Späne entfernt waren, und sie war fertig.

Befestigen der Kugel in der Halterung.

Bohren des Lochs.

Vergrößern des Lochs mit meiner 6-mm-Spindelröhre.

Die fertige Kugel mit 32 Löchern.

DIE STACHELN

Die Stacheln waren eine weitere etwas repetitive Arbeit, aber als Berufsdrechsler stört mich das nicht. Ich schnitt einige Längen derselben Buche zu und setzte ein Ende in die kleinsten Backen (F-Backen), die ich für mein Spannfutter habe. Sie halten einen 18-mm-Zapfen, also spaltete ich die Rohlinge zu 18-mm-Vierkantern mit einer Länge von 100 mm. Die Stacheln waren eine perfekte Flachmeißelübung, also drechselte ich das Holz mit meinem Lieblingsflachmeißel (meinem Signatur-Plattenstahl) mit einem hobelnden Schnitt rund und führte mit meinem auf 9,3 mm eingestellten Nonius-Messschieber einige Größenzuschnitte aus. Ich markierte 15 mm entlang der Spindel und drechselte das Ende des Dübels zu einer Spitze. Dann rundete ich für die Tropfenform, die ich anstrebte, die Basis ab. Bevor das Werkstück zu dünn wurde, schliff ich es mit 320er-Körnung und meinem roten Schleifpad und stach es ab.

Drehen der Stachelspitze.

Abrunden der Unterseite des Stachels.

Der tränenförmige Stachel vor dem Abstechen.

Der abgerundete Teil der Träne war etwas unordentlich, wie so oft an abgestochenen Stellen, aber in der Kugel würde man das nicht sehen, also sorgte ich mich nicht. Ganz vorsichtig testete ich den ersten Stachel in ein paar Löchern. In den meisten saß er fest, in einigen eher locker. Ich musste hier die Balance zwischen zu fest und zu locker finden, also wollte ich mehr Stacheln als notwendig drechseln und die Größen leicht variieren. Da dies die Mindestgröße zu sein schien, drechselte ich die meisten auf 9,4 mm, einige wenige sogar auf 9,7 mm. Ich war mir sicher, dass es durch meine Drechseltechnik und das Schleifen zu natürlichen Abweichungen kommen würde, aber so sollte ich genügend passende Stacheln für alle Löcher haben. Ich konnte drei Stacheln aus jedem Rundholz drechseln, bevor ich dem Spannfutter zu nahe kam. Eine knappe Stunde später lagen 40 kleine Stacheln in einem Glas, die ein wenig wie Nüsse oder große Samen aussahen.

FERTIGSTELLUNG MIT ÖL

Während des Drechselns überlegte ich, wie ich die Teile versiegeln wollte. Ich könnte sie unbearbeitet lassen, aber die Singapur-Kugel lädt dazu ein, sie in die Hand zu nehmen, zu untersuchen und mit ihr zu spielen – ohne Oberflächenbehandlung würde sie bald schmutzig werden. Normalerweise öle oder lackiere ich meine Arbeiten. Sprühlack schien mir sinnvoll, da ich die Kugel mit einem langen Dorn oder einer Schraube in einem der Löcher aufstellen und besprühen könnte, was sehr einfach und effektiv wäre. Das Besprühen und vor allem das Halten der 32 kleinen Stacheln hingegen wäre eine echte Aufgabe. Für sie wäre Öl am einfachsten, da man sie einfach hineinlegen, gründlich einweichen und dann zum Trocknen auslegen könnte. Bei der Kugel wäre das schwieriger, da sich das Öl in den Löchern sammeln würde, aber mit etwas Sorgfalt sollte ich das in den Griff bekommen, also entschied ich mich für eine Ölversiegelung.

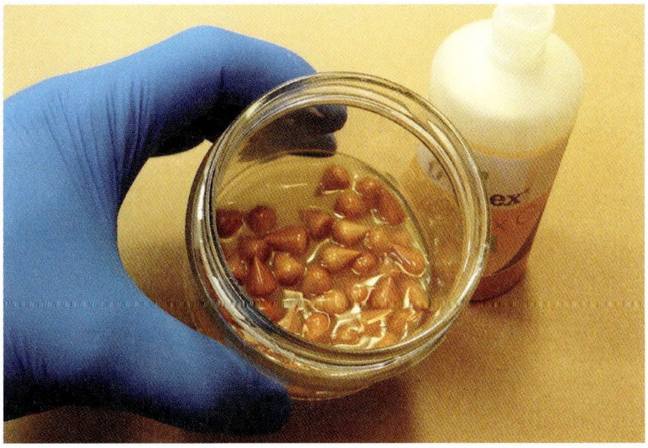

Ölen der Stacheln.

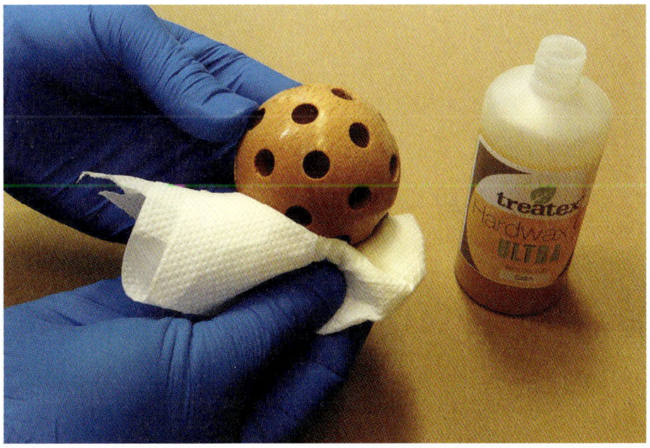

Ölen der Kugel.

Ich bewahre immer (saubere) Mayonnaise- und Saucengläser auf, da sie sehr praktisch zum Mischen von Beizen und Lacken sowie zum Reinigen von Pinseln sind.

Ich legte alle 40 Stacheln in so ein Glas und bedeckte sie mit Öl. Ich rührte mit einem behandschuhten Finger gut um und ließ sie einweichen, während ich an der Kugel arbeitete. Bei dieser musste ich einfach nur die Oberfläche mit Öl bestreichen, wie üblich. Ich versuchte erst, zu verhindern, dass Öl in die Löcher geriet, aber bemerkte schnell, dass ich bei eingezogenen Stacheln ein wenig hineinsehen können würde, also trug ich das Öl weniger vorsichtig auf und wischte mit einem Wattestäbchen jedes Loch aus, um es ohne Lachen gleichmäßig zu verteilen.

Ich wischte das überschüssige Öl ab und legte die Kugel zum Trocknen beiseite. Ich kippte die Stacheln auf ein Stück Küchenpapier und tupfte sie ab, wobei ich das Papier mehrmals wechselte, bevor ich sie neben der Kugel trocknen ließ. Auf diese Weise trug ich vier Schichten Hartwachsöl auf, bevor ich die Singapur-Kugel zusammensetzte.

ZUSAMMENSETZEN

Als das Öl getrocknet war, polierte ich die Kugel für einen gleichmäßigen Seidenglanz und eine seidenglatte Haptik mit meiner Polierbürste auf der Drehmaschine. Ich wischte jeden Stachel mit einem Baumwolltuch ab, bevor ich ein passendes Loch suchte. Die meisten passten auf Anhieb, einige saßen etwas zu locker oder zu fest und brauchten mehrere Anläufe oder wurden aussortiert, wenn sie gar nicht passten. Erstaunlicherweise hatte ich von meinen 40 Stück nur einen Ausschuss von acht – 32 montierte ich mit einem festen Druck mit Daumen und Zeigefinger, wobei jeder Stachel ploppte, als er durch das Loch rutschte.

Ich war hochzufrieden mit dem fertigen Projekt. Ich glaube, dass einige die repetitiven Herstellungsschritte etwas langweilig finden, aber andere werden sich der Herausforderung stellen und die Arbeit genießen – das Endergebnis ist die Zeit wert! Buchenholz war eine gute Wahl, da alles Weichere beim Eindrücken der Stacheln an den Löchern Schaden nehmen kann. Ich habe schon Kugeln aus dunklem Holz mit hellen Stacheln gesehen (vielleicht Walnuss und Ahorn), die so gut aussahen, dass ich fast noch eine Singapur-Kugel gefertigt hätte. Aber nur fast.

Den richtigen Stachel für jedes Loch finden.

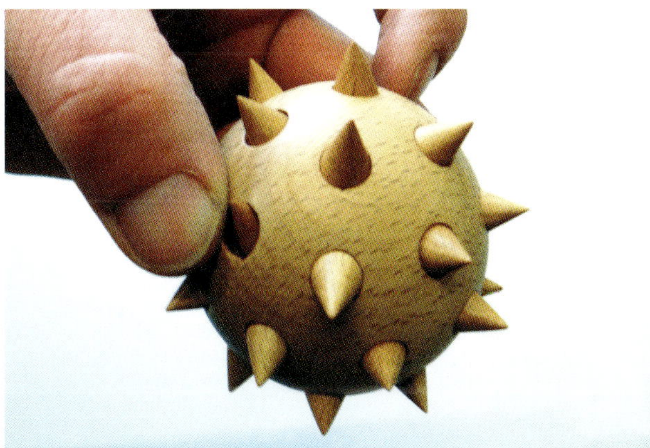

Die fertige Singapur-Kugel.

ZIERTECHNIKEN

Geschnitztes Schneidbrett

Geschnitzte Dekorationen oder Texturen auf Drechselarbeiten sind heutzutage recht verbreitet; in Kombination mit Farbe sind die Effekte erstaunlich. Mein Hauptinteresse beim Schnitzen an Drechselarbeiten liegt bei Möbeln, die ich bislang mit kleinen dekorativen Details oder Mustern verziert hatte. Früher habe ich ziemlich viel geschnitzt, aber das Schnitzen von Buchstaben war für mich ein Novum – und das Thema dieser Herausforderung. Ich halte die Dinge gern einfach, wenn ich eine Technik zum ersten Mal ausprobiere, also beschloss ich, ein Schneidbrett mit dem eingeschnitzten Wort „BREAD“ zu fertigen.

RECHERCHE

Zuerst musste ich einen Arbeitsplan erstellen und die entsprechenden Techniken recherchieren. Ein Brett zu drechseln wäre einfach, ich habe schon viele angefertigt. Für die Schnitzerei müsste ich den Text entwerfen, ihn ordentlich auf das Holz übertragen und dann die Buchstaben herausschnitzen. Ich hatte von meinem Großvater eine Auswahl an Meißeln und Stechbeiteln guter Qualität geerbt, die ich dafür verwenden konnte.

Obwohl ich noch nie Buchstaben geschnitzt hatte, hatte ich ein paar Schnitzbücher für meine Recherche: „Essential Woodcarving Techniques“ von Dick Onians und „Carving on Turning“ von Chris Pye. Theoretisch schien es ziemlich einfach, aber solche Dinge erweisen sich gewohnheitsmäßig oft als komplexer als gedacht.

DRECHSELN DES BRETTS

Meine „Leinwand“ war ein Stück gedämpfte Rotbuche, das ich in der idealen Breite für diese Arbeit beschaffen konnte. Gedämpfte Buche ist etwas rosiger als die viel blassere „Weißbuche“, ist aber dank des Dämpfungsprozesses im Allgemeinen auch leichter zu bearbeiten und stabiler im Gebrauch.

Nach dem Markieren der Scheibe skizzierte ich grob das Wort „BREAD“, um zu sehen, wie groß mein Schriftzug werden sollte. Eine Höhe von knapp 28 mm erschien mir richtig. Ich sägte die Scheibe auf der Bandsäge aus und spannte sie zwischen mein Spannfutter und die Körnerspitze, um die Basis abzurichten und einen Spannzapfen zu bilden. Ich richtete die eingespannte Platte ab und rundete die Kante ab. Dann flachte ich die Seite ab, in die ich meinen Schriftzug schnitzen wollte.

Ich skizzierte den Schriftzug ungefähr in der gewünschten Größe, um eine passende Schriftgröße zu finden.

Ausschneiden der Scheibe auf der Bandsäge.

Drechseln des gerundeten Kantenprofils.

Abflachen mit einem Flachmeißel statt Schaber mit negativer Fase.

Überprüfen der Ebenheit mit einem Stahllineal.

Anzeichnen der Position für den Schriftzug.

Ich wollte in diesem Stadium nicht schleifen, da der im Holz verbleibende Schleifstaub der messerscharfen Schneide von Schnitzwerkzeug nicht guttut, also flachte ich mit einem Flachmeißel ab, den ich wie einen Schaber mit negativer Fase führte, und überprüfte die Ebenheit mit einem Stahllineal. Dort, wo die Rundung der Kante auf die plane Ebene traf, zeichnete ich mit Bleistift eine Linie für die Unterlinie der Buchstaben und eine weitere Linie für die Oberlinie des Schriftzugs an.

DIE BUCHSTABEN

Ich fragte einen Freund mit wesentlich mehr Erfahrung im Buchstabenschnitzen um Rat, und er schlug vor, eine Antiqua-Schriftart zu verwenden, z. B. die Standardschrift Times New Roman, die man in den meisten Schreibprogrammen findet. Idealerweise könne ich den Text auf dem Computer in einer zum Brett passenden Kurve anlegen, was aber mit meinem Programm leider nicht funktionierte. Also druckte ich die Umrisse des Worts aus und probierte verschiedene Schriftgrößen, um jene zu finden, die in etwa meiner gewünschten Höhe von 28 mm entsprach. Schriftgröße 130 ergab 32 mm hohe Buchstaben; nun musste ich sie nur noch gut anordnen. Meine beiden Nachschlagewerke gehen ausführlich auf die Abstände zwischen den Buchstaben ein: Einige stehen von Natur aus enger beieinander, während andere größere Lücken haben. Das ist bei einer geraden Linie schon schwierig genug, auch wenn der Computer dies sehr vereinfacht, aber bei einer Kurve könnte mir das Kopfschmerzen bereiten. Ich beschloss, die Buchstaben auszuschneiden und auf dem Brett aufzulegen, um zu sehen, wie sie aussahen. Da „BREAD" fünf Buchstaben hat, war es logisch, dass das „E" in der Mitte stehen und die Buchstaben von dort aus verteilt werden sollten.

Ein weiterer Aspekt, auf den ich später noch eingehen werde, war die Faserrichtung. Wie immer beim Drechseln sollte die Maserung gerade entweder in Längs- oder Querrichtung über das Brett verlaufen, aber was wäre am besten für den Schriftzug? Etwas unsicher orientierte ich mich an den geschnitzten Schriftzügen, die ich schon gesehen hatte: Die Maserung verläuft auf einem rechteckigen Schild meist quer über das Brett, wie die Linien auf Schreibpapier. Ich würde also die Maserung quer über das Brett laufen lassen und den Schriftzug unten entlang des Brettrands anbringen.

Ich setzte das „E" in die Mitte und platzierte das „R" und das „A", gefolgt von dem „B" und dem „D". Ich konnte mich nur auf das Aussehen der ausgeschnittenen Schrift verlassen, also schnitt ich kleine Klebebandstreifen zu und klebte die Buchstaben zwischen den markierten Linien so an, dass sie richtig aussahen. Mangels Erfahrung mit dem Schnitzen von Buchstaben war ich nicht sicher, ob das, was ich für richtig hielt, am Ende auch gut aussehen würde - ich konnte es nur ausprobieren.

Ich platzierte die ausgeschnittenen Buchstaben entlang der Kante der Platte. Als ich damit zufrieden war, fixierte ich sie mit Malerkrepp.

Selbst gemachtes Durchschlagpapier.

Übertragen der Buchstaben.

ÜBERTRAGEN DES TEXTS

Mein Freund riet mir zu Durchschlagpapier, um den Schriftzug leicht auf das Holz übertragen zu können, aber trotz intensiver Suche konnte ich das Blaupapier aus meinen Schnitzertagen nicht mehr finden. Also musste ich kreativ werden! Zuerst fuhr ich die Linien mit Kugelschreiber nach, wobei ich für einen Abdruck fest auf das Holz drückte. Bei weicherem Holz wäre das gegangen, aber Buche ist bekanntlich hart, weshalb das nicht funktionierte. Stattdessen machte ich mir mein Blaupapier selbst, indem ich die Rückseite der Buchstaben mit Bleistift ausmalte und die Linien noch einmal nachfuhr. Das funktionierte und übertrug eine schwache Linie auf das Brett. Sie ließ sich leicht mit dem Bleistift nachziehen, nachdem die Papierbuchstaben entfernt waren. Diese klebte ich als Vorlage auf den freien Teil des Bretts.

HALTEN DES WERKSTÜCKS

Als ich noch Schnitzneuling war, baute ich mir eine einfache Kiste mit herausnehmbaren Fächern zur Werkzeugaufbewahrung. Sie dient auch als Werkbank, weil sie eine bequemere Arbeitshöhe bietet als Standardbänke. Da sie oben aufklappbar ist, kann sie Arbeiten auch in einem bestimmten Winkel halten. Hier wollte ich in der Ebene arbeiten, also schraubte ich oben ein paar Leisten an und schnitt ein paar Keile zu, um das Werk zu befestigen und dennoch leicht neu positionieren zu können. Das Brett hatte zu diesem Zeitpunkt immer noch seinen Spannzapfen auf der Rückseite, also schnitt ich vier MDF-Stücke (6 mm) zu, um die Unterseite zu stützen und sicherzustellen, dass es während der Arbeit plan und eben lag.

Die übertragenen und mit Bleistift nachgezogenen Buchstaben.

Fixieren des Schneidbretts mit Keilen.

SCHNITZSCHNITTE

Beim Schnitzen werden zwei Hauptschnitte verwendet: „Stechschnitte" und „schneidende" Schnitte. „Stechen" klingt aggressiver, als es tatsächlich ist, beschreibt aber den Vorgang recht gut: Man drückt nach unten in das Holz, um eine Form zu definieren, einen Schnitt zu beenden oder von oben nach unten in ein Detail zu arbeiten. Stechschnitte werden mit einem Hammer oder per Hand ausgeführt. Kleinere Werkzeuge sind jedoch nicht immer für das Eintreiben mit dem Hammer geeignet.

Schneidende Schnitte führen um Kurven herum und oft auf einen Stechschnitt zu. Sie werden durch gerades Schieben durch das Holz oder für geschwungene Formen durch Rollen des Beitels ausgeführt. Ich war mit diesen Schnitten schon recht vertraut, aber etwas eingerostet; mich interessierte, wie genau sie für Schriftzüge verwendet werden.

STECHBEITEL UND DAS NUMMERNSYSTEM

Britische Werkzeuge verwenden das „London Pattern", um die verschiedenen Stiche der Beitel zu nummerieren. In Kontinentaleuropa verwendet Pfeil ein ähnliches, aber etwas anderes Nummerierungssystem. Das Schöne daran ist, dass ein Beitel Nr. 5 immer den gleichen Stich hat, ob er nun 6 mm oder 25 mm breit ist. Das Problem ist, dass die leichten Unterschiede der beiden Systeme verwirrend sein können, z. B. ist eine Nr. 3 gem. „London Pattern" ein gerader Beitel, bei Pfeil aber ein leicht gebogenes Werkzeug. Tabellen beider Systeme findet man online.

Für dieses Projekt habe ich verwendet: Pfeil Nr. 3 (6 mm), europäische Größe; gerade Stechbeitel Nr. 3 (4 mm und 12 mm), „London Pattern"; einen geraden gekröpften Beitel Nr. 54 (12 mm) und ein Hohleisen Nr. 4 (12 mm).

ERSTE SCHNITTE

Meine Bücher empfahlen als Ausgangspunkt einen Stechschnitt mit dem Meißel in die Mitte eines geraden Buchstabenschenkels. Ich begann mit meinem Standardmeißel mit angefaster Klinge (25 mm) und einem Hammer für die Markierung. Ab hier benutzte ich einen geraden Meißel, um mit dem Stechschnitt V-förmige Schnitte auszuarbeiten und mich vom ersten Stechschnitt zu den Bleistiftlinien an den Rändern zurückzuarbeiteten. Der erste Buchstabe wurde etwas unsauber, aber das bekam ich bald in den Griff.

Antiqua-Schriften haben an den Enden der Buchstaben hübsche Details, sogenannte Serifen. Sie verleihen dem Schriftzug Charakter und sehen ziemlich kompliziert aus, aber nachdem ich eine geschnitzt hatte, gewöhnte ich mich bald an die Arbeitsschritte und fand Gefallen an ihnen.

Der erste Schnitt mit Hammer und gefastem Meißel.

Stechschnitte mit geradem Meißel zur Ausarbeitung der V-Form.

Serifenschnitt mit umgekehrtem, zum Schneiden gedrehtem Hohleisen

Verwendung eines kleinen geraden Meißels für die Bögen der Serifen.

Verwendung eines winzigen geraden Meißels zum Verbinden der Schnitte.

Zwei verschiedene gebogene Meißel formen das „D".

Stechschnitte mit einem Hohleisen.

Ich benutzte einen Pfeil-Meißel Stich 3F, den ich dem Werkzeug meines Großvaters hinzugefügt hatte und der zu einem meiner Lieblingsschnitzwerkzeuge geworden war, um den Bogen in die Serife zu schneiden, dann einen kleinen geraden Schnitzmeißel zum Weiterziehen und Betonen des Bogens.

Während des Schnitzens hatte ich Schwierigkeiten, mir vorzustellen, wie sich die verschiedenen Teile der Schrift treffen würden, und war angenehm überrascht, als sich diese Details im Laufe der Arbeit von selbst zu ergeben schienen. Bei jedem Schnitt fanden bestimmte Details einfach zueinander, z. B. der Querstrich des „A" und der Schenkel des „R" zu den übrigen Buchstabenkörpern.

„E" besteht aus geraden Schnitten, hat aber sechs Serifendetails, sodass es eine Freude war, ihn nur mit zwei geraden Meißeln und dem Pfeil Stich 3F zu schnitzen. Manche Quellen schreiben, dass man für Buchstaben eine riesige Werkzeugauswahl brauche, andere wiederum meinen, es reiche wenig, aber sorgfältig ausgewähltes Werkzeug. Ich war angenehm überrascht, wie wenig ich brauchte. Es gibt eindeutig ein paar Lücken in meinem Schnitzwerkzeugsatz, aber ich wollte die Werkzeuge verwenden, die ich bereits hatte, um die notwendigen Bögen herzustellen.

SCHNITZEN DER BÖGEN

Ich sage nicht, ich hätte die geraden Abschnitte und Serifen „gemeistert", aber die Arbeit lief flüssiger – perfekte Vorbereitung für die Bögen von „B", „R" und „D". Wie bei den geraden Schnitten setzte ich auch hier einen Stechschnitt in die Mitte. Ich fand es interessant, wie Bögen entstehen: Sie beginnen gerade und steigen zur Mitte hin langsam an. Die Fotos links zeigen, wie zwei unterschiedlich gekrümmte Werkzeuge, die an verschiedenen Stellen eines Buchstabens verwendet werden, perfekt in den Bogen passen.

Wie bei den geraden Schnitten arbeitete ich auf den mittleren Stechschnitt zu, um die V-Form zu bilden. Meistens habe ich den Pfeil Stich 3 benutzt, aber an einigen Stellen kam ein anderer, stärker gebogener Beitel zum Einsatz. Das Schöne an Stechbeiteln ist, dass man sie für konkave Wölbungen „richtig" und für konvexe „verkehrt" gedreht benutzen kann, was perfekt für die Bögen von „B", „R" und „D" ist. Es ist interessant und herausfordernd, dass die Bögen breiter sind als die Stelle, an der sie auf den Rest des Buchstabens treffen, aber da ich mich an meine Markierung hielt, musste ich nur entlang meiner Linien schneiden und eine gleichmäßige, ansehnliche V-Form gestalten.

Arbeit rund um den Bogen mit weiteren Stechschnitten.

MASERUNGSRICHTUNG

Beim Schnitzen müssen Sie in Bögen und geraden Linien arbeiten, die mit der und quer zur Maserung verlaufen. Scharfes Werkzeug macht dies möglich, aber man muss die Maserungsrichtung trotzdem beachten, denn selbst mit messerscharfem Werkzeug können Fasern ausreißen, wenn man gegen sie arbeitet. Bei der Holzarbeit muss man immer auf die Maserung achten – auch beim Schnitzen, wo man bei der Bearbeitung der Bögen eines Buchstaben genau aufpassen und in mehrere Richtungen schneiden muss, um saubere Schnitte zu erhalten.

Darum sind Werkzeuge mit V-Stich nicht empfehlenswert für Buchstaben. Sie werden zwar oft verwendet, da sie natürlich das gewünschte V-förmige Profil erzeugen. Das Problem ist aber, dass bei den Bögen eine Seite der Klinge mit der Maserung arbeitet, die andere jedoch dagegen – eine schlechte Kombination, die in der Regel zum Ausreißen führt. Das sauberste Ergebnis erzielen Sie mit Stechschnitten von oben und schneidenden Schnitten entlang jeder Seite.

SCHARFES WERKZEUG

Drechsler betonen immer die Bedeutung scharfen Werkzeugs, aber was wir beim Drechseln „scharf" nennen, ist nichts im Vergleich zu dem, was beim Schnitzen erforderlich ist. Ein direkter Vergleich ist unmöglich, da Drechsler normalerweise von der Schleifmaschine loslegen. Schnitzer schärfen ihre Klingen noch mit feinen Steinen und Abziehledern. Ich habe meine aus Gamsleder hergestellt, da ich gerade nichts anderes hatte, und sie an verschieden großen Brettern und Rundhölzern befestigt, um sowohl die Fase als auch die Flöteninnenseite polieren zu können. Auf das Leder habe ich eine Mischung aus Autosol-Polierpaste und Vaseline (damit die Paste nicht austrocknet) aufgetragen. Eigentlich ist Gamsleder dafür zu weich und kann die Klingen abrunden, aber ich hatte noch nie ein Problem und die Abziehleder funktionieren selbst mehrere Jahre nach ihrer Herstellung noch gut.

PRÜFEN MEINER ARBEIT

Nach mehrmaligem Überarbeiten meines Schriftzugs war ich mit dem Ergebnis einigermaßen zufrieden und brachte ihn zur Werkstatttür für eine Prüfung bei natürlichem Licht, das schlechten Umgang mit dem Werkzeug nicht verzeiht. Dort sah ich, dass ich einige Stellen noch mit scharfem Werkzeug verbessern musste, bevor ich fertig war.

FERTIGSTELLUNG

Ich spannte das Brett zum Schleifen auf die Drehmaschine. Die Schärfe des Schriftzugs sollte bleiben, also schliff ich mit einem Korkklotz, um die Kanten nicht versehentlich abzurunden. Ich war sehr zufrieden damit, wie viel ordentlicher das Gesamtbild durch das Schleifen wirkte. Beim Schnitzen war der Bleistift verwischt, wodurch der Bereich etwas schmutzig wirkte, aber durch das Schlei-

Die Wichtigkeit der Maserungsrichtung.

V-förmige Meißel: für Buchstaben ungeeignet.

Prüfen des Bretts im Tageslicht.

Schleifen des Bretts mit Schleifpapier um einem Korkklotz.

Frisch von der Drehmaschine.

Einölen des Bretts mit lebensmittelechtem Öl.

fen wurde alles wieder blank. Es war nicht möglich, den Schriftzug selbst zu schleifen, so waren saubere Schnitte mit scharfem Werkzeug essenziell.

Zuletzt musste ich das Brett mit lebensmittelechtem Öl versiegeln. Das würde das Brett schützen und den Schriftzug hervorheben, was mir sehr gut gefiel. Man könnte den Schriftzug auch anmalen oder gar vergolden, aber da das Brett benutzt und abgewaschen werden sollte, erschien mir das unpassend.

Wenn man bedenkt, dass dies mein erster Versuch war, Buchstaben zu schnitzen, und wie eingerostet meine Technik war, war ich glücklich mit dem Endergebnis. Der Schriftzug ist recht fett – nächstes Mal wähle ich vielleicht einen schlankeren Stil.

Das Brett zusammen mit den für die Schrift verwendeten Schnitzwerkzeugen.

Dose mit Brandmaltextur

Ich hatte schon mit dem Brennstift gearbeitet, aber hier war die Herausforderung, mittels Brandmalerei eine Textur zu erzeugen. Als Inspiration diente mir die Arbeit der amerikanischen Drechslerin und Pyrografiekünstlerin Molly Winton. Sie brennt mit einer spiralförmigen Spitze im Brennstift eine Textur in ihre Werke – manchmal einen ganzen Abschnitt einer Schale oder Hohlform als Kontrast zu dem glatten Bereich, manchmal als Hintergrund für einen Teil, der vom Brennen verschont bleibt. Molly hat eine Serie kreiert, die Höhlenmalereien ähnelt und „einfache" Tierformen und Jagdszenen zeigt, in denen ungebranntes Holz und strukturierte Bereiche ineinandergreifen. Ich wette, dass niemand, der Mollys Arbeiten sieht, uninspiriert bleibt. Von dieser Muse geküsst musste ich einige eigene Ideen entwickeln und sie „zu Holze" bringen.

RECHERCHE

Der nächste logische Schritt war, möglichst viel über Mollys Fertigungstechniken herauszufinden. Ich fand das YouTube-Video eines Vortrags, den sie im Mid Maryland Woodturners Club gehalten hatte. Es ist lang, steckt aber voller relevanter Informationen über Techniken und Werkzeuge.

Ich erfuhr einiges über Techniken, mit denen ich bei früheren Brandmalereiversuchen Schwierigkeiten hatte, vor allem bei weichen, ebenmäßigen Linien. Ich hatte das Gerät auf volle Leistung eingestellt, wodurch es leicht brennt – zu leicht für einige der Dinge, die ich schaffen wollte, wie z. B. Schreiben und das Zeichnen von Linien. Nachdem ich das Video gesehen hatte, versuchte ich mich gleich am Gelernten, und es war tatsächlich viel einfacher, mit dem Brennstift zu schreiben, wenn das Gerät auf 6 und nicht auf 10 eingestellt war, solange ich langsam und gleichmäßig schrieb.

Molly weist besonders darauf hin, bei der Bewegung des Stifts nicht zu zögern oder zu pausieren, was besonders am Zeilenanfang und -ende problematisch ist. Dies lässt sich vermeiden, wenn man die Zeile mit einem sich bereits bewegenden Stift beginnt und am Ende in der Bewegung wieder abhebt (wie ein startendes und landendes Flugzeug).

Als Letztes wird erklärt, wie Molly ihre unverwechselbare Textur ausarbeitet, die an Korbgeflecht erinnert. Das Muster wird mit einer kleinen Spirale eingebrannt, die wie eine kleine Drehstabfeder aussieht und bei hoher Temperatur in einem abwechselnden und sich wiederholenden Muster auf das Holz aufgebracht wird.

BRANDMALEREIÜBUNGEN

Um ein Gefühl für das Werkzeug und die verschiedenen Spitzen zu bekommen, übte ich das Gelernte auf einem Ahornbrett. Ich probierte einige Texturen aus, die ich für mein Projekt verwenden könnte. Ich zeichnete für meine Experimente vier Quadrate und brannte als Schreibübung den Namen jeder Option daneben.

Die erste Textur, die ich ausprobierte, war ein Tupfeneffekt mit der Kugelspitze (1,5 mm). Ich habe schon öfter gesehen, dass dieser Effekt gut funktioniert, aber schnell gemerkt, dass das ein langsamer Prozess ist, der sich daher nur für kleine Bereiche mit Details eignet.

Als Nächstes verwendete ich die kleine Speerspitze für einen freihändigen Schachbretteffekt. Dies hat wahrscheinlich einen Platz in einigen Projekten, war aber nicht das Richtige für mich.

Schreibübungen.

Tupfeneffekt mit der Kugelspitze.

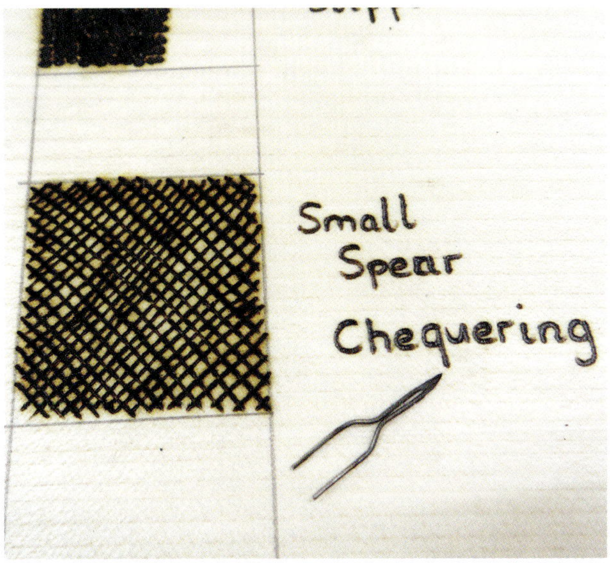

Schachbretteffekt mit der Speerspitze.

Textur mit der Spiralspitze aus dem Handel.

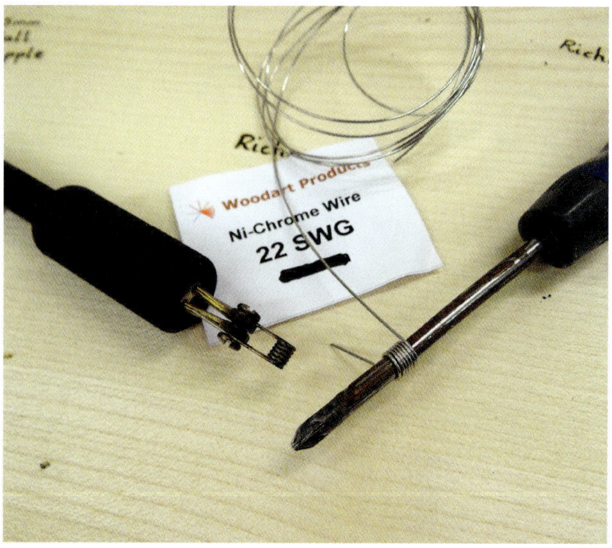

Herstellung der Spiralspitze.

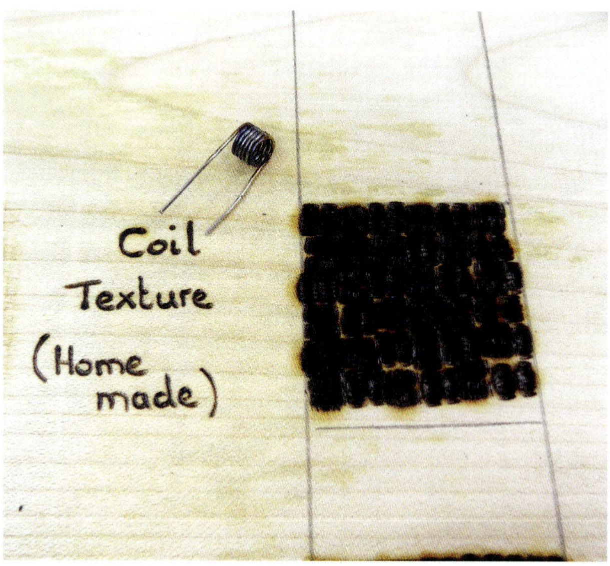

Textur mit der selbst gemachten Spiralspitze.

Dann benutzte ich eine handelsübliche Spiralspitze, um Mollys Technik auszuprobieren, was gut funktionierte und ein sehr regelmäßiges Muster erzeugte. Nachdem ich das gesamte Quadrat gebrannt hatte, fand ich ein paar winzige Stellen mit ungebranntem Holz, die ich bei meinem endgültigen Projekt vermeiden musste.

Mein letzter Versuch war eine selbst gemachte Version der Spiralspitze. In dem Video stellt Molly ihre eigenen Spiralspitzen her, indem sie Draht um kleine Werkzeuge und Bohrer wickelt. Ich nahm einen Schraubenzieher, mit dem eine etwas größere Spule als die gekaufte herauskam, die etwas unordentlicher aussah. Das Ergebnis war viel besser als erwartet, aber das Brandmuster war leider weniger klar als das mit der gekauften Spitze. Teilweise wohl, weil der Draht etwas dicker und der Durchmesser der Spule größer war. Im Nachhinein würde ich ein kleineres Werkzeug mit einem feineren Draht umwickeln.

INSPIRATION

Oft höre ich, ich solle mich von der Umgebung inspirieren lassen. Als ich diese Herausforderung annahm, war Herbst, also sollte dieser mich inspirieren. Nahe der Schule meines Sohns steht eine kräftige Eiche, und so bat ich ihn, mir nach der Schule etwas herbstliches Eichenlaub zu sammeln. Als ich am Abend von der Arbeit nach Hause kam, fand ich überraschenderweise einen ganzen Zweig voller Eichenblätter vor dem Haus – und hatte genügend Blätter zur Auswahl.

Der Eichenzweig.

Ich wollte ein Eichenblatt oben in eine Eichenholzdose brennen – die verbrannten Farben der Brandmalerei müssten ein herbstliches Gefühl vermitteln. Das Hirnholz eines Deckels zu brennen wäre jedoch unklug, also drechselte ich eine Ahornscheibe, die ich in den Deckel einsetzen konnte. Die Blattumrisse mit der Kugelspitze nachzuzeichnen und die Umgebung mit der Spule zu brennen, könnte sehr effektvoll sein.

Aushöhlen der Dose.

Schleifen der Oberfläche der Ahornscheibe.

HERSTELLUNG DER DOSE

Ich wollte die Linien dieser Dose einfach und das Drechseln somit leicht halten. Ich wählte einen Eichenholzquader (75 x 75 x 110 mm). Die Oberseite der Dose war etwas schmaler als der Boden und die Seiten waren in einem geschwungenen Bogen miteinander verbunden. Ich drechselte zuerst die Deckelinnenseite, dann den Hauptteil. Nachdem dieser ausgehöhlt war, setzte ich den Deckel so fest wie ein Klemmfutter darauf und höhlte an der Oberseite den Bereich für die Ahornscheibe aus. Zufrieden mit dem Aussehen und den Proportionen nahm ich die Dose vom Spannfutter und markierte die Backenpositionen, um sie später leicht wieder anbringen zu können. Ich schnitt eine Ahornscheibe zu, hielt sie mit dem Spannfutter und drechselte sie, bis sie in die vorgesehene Aussparung passte. Ich drückte die Dose auf den Ahorn und markierte mit Bleistift, wie hoch die Scheibe werden musste. Dann schliff ich die Oberfläche mit Sandpapier auf einem Korkklotz glatt. Ursprünglich wollte ich das Stück an dieser Stelle abstechen, aber ich erkannte gerade noch rechtzeitig, dass der Brennvorgang die Höhe der Scheibe verändern würde, also ließ ich sie vorerst, wie sie war, um sie erst nach der Brandmalerei abzustechen.

EICHENBLATTMUSTER

Ich sah die Blätter durch und wählte einige kleinere aus. Wenn ich um ein Blatt herum zeichnen könnte, wäre es viel einfacher für mich, das Design zu entwerfen. Die Blätter waren ziemlich eingerollt, also beschwerte ich sie ein paar Minuten lang, um sie zu glätten.

Meine Scheibe war etwas kleiner als gedacht, aber ich war mir sicher, dass ich es hinbekommen würde. Ich wählte ein Blatt mit einer guten Form aus – ich kann nicht genau sagen, was ein Blatt besser machte als ein anderes, vielleicht war es die Größe, vielleicht die Symmetrie oder etwas ganz anderes. Jedenfalls sollte dieses kleine Blatt (oder zumindest sein Umriss) für immer in meinen Dosendeckel eingebrannt werden.

Ich zeichnete auf meinem Notizblock um die Ahornscheibe herum, legte das Blatt darauf und zeichnete es nach. Beim Betrachten der Zeichnung fand ich es etwas zu groß, also zeichnete ich freihändig neue Linien nur knapp innerhalb der ursprünglichen Kontur. Die unteren Lappen des Blatts sahen etwas unordentlich aus und verloren an Schärfe, da sie in Stielnähe so klein wurden. Hier erlaubte ich mir etwas künstlerische

Auswahl geeigneter Eichenblätter mit der Ahornscheibe.

Skizze eines Blatts.

Ergebnis des Durchzeichnens der Blattskizze mit Graphitpapier.

Freiheit und zeichnete statt der winzigen Details, die mit dem Brennstift weder einfach noch sinnvoll wären, einen geschwungenen Bogen von der Unterseite der beiden untersten Lappen zum Stiel. Das gefiel mir viel besser als der Versuch, dem Originalblatt völlig treu zu bleiben.

Zufrieden richtete ich meine Skizze sorgfältig auf der Ahornscheibe aus und übertrug sie mit einem Stück Graphitpapier auf das Holz. Das Graphitpapier sorgte für eine schöne, scharfe Linie ohne Verwischungen.

BRANDMALEN DER SCHEIBE

Ich wählte den Stift mit der 1,5-mm-Kugelspitze, stellte das Gerät wie bei der Probe auf Stufe 6 ein und war zuversichtlich, ganz langsam eine gute, saubere Linie auf das Holz „zeichnen" zu können. Tatsächlich konnte ich meiner Bleistiftlinie problemlos folgen und den Umriss des Blatts in die Holzscheibe einbrennen.

Der nächste Schritt war die Textur des Hintergrunds. Ich wollte mit dem Rand entlang der Kante beginnen, also brannte ich mit aufgesetzter Spiralspitze und voller Leistung ein Muster ein, das ein wenig wie eine Kuchenkruste aussah. Direkt am Rand des Holzes brannte sich die Spitze leicht tief in das Holz ein – und ich war froh, dass ich die Scheibe nicht schon früher abgestochen hatte. Dann legte ich einen ähnlichen Rand um das Blatt herum an. Ich hielt die Spirale senkrecht zum Blattrand – zumindest dort, wo das bei einer so naturnahen Form möglich war. An den engeren Stellen zwischen den Lappen des Blatts, wo ich nicht mit der ganzen Spirale brennen konnte, hielt ich die Spitze schräg und verwendete nur einen Teil, damit überall Textur entstand und keine weißen Flecken vorkamen, wie sie auf meinem Musterstück erschienen waren.

Wenn Molly diese Spitze verwendet, wechselt sie die Richtung der Bewegung: Auf zwei senkrechte folgen zwei waagerechte Brennvorgänge, wodurch ihr charakteristisches Muster entsteht. Das hatte ich schon vorher geübt und geplant, aber als ich das Stück in der Hand sah, mit dem Blatt in der Mitte, umrissen von dem Spiralmuster und mit der „Tortenkruste" am Rand, wurde mir klar, dass der Platz nicht ausreichen würde.

Brandmalen der Blattumrisse.

Brandmalen des Randes mit der Spiralspitze.

Ergebnis des Einbrennens der „Tortenkruste".

Brandmalen rund um das Blatt.

Nur noch ein kleiner Bereich zu bearbeiten.

Die fertige Brandmaltextur.

Links vom Blatt gingen die Tortenkruste und die Randtextur bereits ineinander über, sodass nur auf der rechten Seite noch ein wenig zu brennen war.

Nachdem ich darüber nachgedacht hatte, beschloss ich, einfach mit dem Spiralmuster fortzufahren, und zwar grob strahlenförmig von der Mitte der Scheibe ausgehend. Es dauerte nicht lange, den leeren Raum auszufüllen, und ich war mit meiner Entscheidung zufrieden.

BRANDMALEN DER BLATTDETAILS

Ich war mit dem Ergebnis meiner Brandmalerei zufrieden, aber das Blatt musste stärker definiert werden, um auf den ersten Blick erkennbar zu sein. In meinem Vorlageblatt sah man deutlich die Blattadern, sie verliefen wie ein Rückgrat vom Stiel bis zur Spitze und verzweigten sich bis an die Enden der Lappen. Es gab noch viele weitere, feinere Adern, aber zu viele Details würden das Bild zu kompliziert und überladen aussehen lassen. Ich zeichnete die Hauptadern auf das weiße Blatt und war damit so zufrieden, dass ich sie einbrannte.

Die Blattadern mussten sehr fein sein, und die Kugelspitze würde sie zu dick aussehen lassen. Stattdessen benutzte ich die Speerspitze, die mit ihrer scharfen, skalpellartigen Kante durch die Holzfasern schneidet und feine Brandlinien erzeugt. Mit dem auf 6 eingestellten Gerät zog ich vorsichtig meine Bleistiftlinien nach und tat mein Bestes, mich an die „Flugzeugtechnik" zu halten und die sanften Bögen möglichst weich zu gestalten.

Die Blattadern waren deutlich zu sehen.

Zeichnen der Blattadern.

Brandmalen der Blattadern.

REINIGUNG

Ich war mit meiner Arbeit soweit zufrieden, aber die Brandlinien hinterließen Flecken auf dem weißen Holz, wodurch sie ein wenig „unscharf" aussahen. Auch hier war ich Molly Winton sehr dankbar, denn sie erklärte ganz genau, wie man das beheben kann: Sie wischt ihre Arbeiten mit Reinigungsalkohol ab. Was ich hatte und dem am nächsten kam, war Spiritusverdünnung, mit der ich Spiritusbeizen zum Aufhellen verdünne und nach dem Beizen putze. Ich war erstaunt, wie gut sie auch hier wirkte. Sie entfernte die leichten Bleistiftlinien und Schatten, die vom Brennen übrig geblieben waren, und ließ das Bild sehr klar aussehen.

Das Ergebnis der Reinigung mit Spritusverdünnung.

FERTIGSTELLUNG DER SCHEIBE

Als letzter Schliff und um das öde Weiß des Ahorns zu reduzieren wischte ich etwas Walnussbeize über das Blatt, um ihm eine herbstlichere Farbe zu verleihen und es besser an mein Originalblatt anzupassen.

Ich montierte die Ahornscheibe wieder im Spannfutter, schob erneut den Deckel der Dose darauf und markierte wieder den Punkt zum Abstechen, der deutlich unter der ersten Linie lag. Ich stach mit einem Abstecher bis zu dieser Linie, und obwohl die Scheibe quer zur Faser verlief, wurde sie glatt. Nun hatte ich eine münzähnliche Scheibe, die ich in den Dosendeckel leimen konnte.

Markierung der Höhe der Ahornscheibe.

Beizen des Blatts.

Abstechen der Scheibe.

Das bisherige Ergebnis.

Einleimen der fertigen Scheibe.

Brennen eines zusätzlichen Randmusters.

Einsetzen in das Klemmfutter.

FERTIGSTELLUNG DER DOSE

Ich versuche, mich immer in Zurückhaltung zu üben. Man lässt sich schnell von einer neuen Technik, einem neuen Werkzeug oder dem neuesten Trend mitreißen, ob Farbe, Textur oder, wie in diesem Fall, Brandmalerei. Zu wissen, wann man aufhören muss, ist eine Kunst, aber ich fand, dass diesem Projekt noch etwas fehlte, wenn auch nur eine Kleinigkeit. Nach reiflicher Überlegung beschloss ich, noch ein Detail hinzuzufügen, diesmal an der Verbindung von Dose und Deckel. Ich wiederholte das Kuchenkrustenmuster von zuvor unterhalb der Naht auf der Dose. Ich zeichnete eine Linie und versuchte, mich daran zu halten, obwohl ich ein wenig abschweifte.

Zufrieden, dass es nun wirklich reichte, fertigte ich ein Klemmfutter aus einem Holzrest an, drechselte den Spannzapfen unten an der Dose weg und schliff den Boden glatt. Dann leimte ich die kleine Ahornscheibe in die Aussparung im Deckel. Ich war sehr zufrieden mit der Passform und die Textur kontrastierte gut mit der glatten Eiche. Die ganze Dose wurde mit drei Schichten Hartwachsöl versiegelt.

Die fertige Dose.

Ukibori-Eichel

Ukibori ist eine traditionelle japanische Holzarbeitstechnik, die häufig zur Verzierung filigraner Netsuke-Schnitzereien verwendet wird. Dabei werden die Holzoberfläche mit einem Stempel eingedrückt, die Spuren davon größtenteils abgeschliffen und dann Hitze und Wasser auf die Oberfläche einwirken gelassen, damit das Holz aufquillt, insbesondere die komprimierten Fasern, die zuvor eingedrückt wurden. Dadurch heben sich diese Punzierungen von der Holzoberfläche ab und hinterlassen eine Textur auf der neuen Oberfläche. Die Herausforderung war, Ukibori in eine Drechselarbeit einzubauen.

Umformen des Bohrers an der Schleifmaschine.

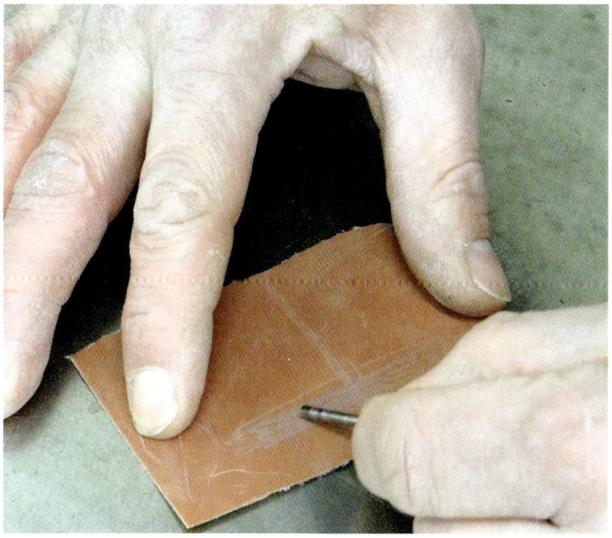

Verfeinern der Rundung mit Schleifmittel.

Polieren mit dem Streichriemen.

Der polierte Stempel neben dem normalen Ende eines Bohrers.

PUNZIEREN

Zuerst informierte ich mich im Internet über die Technik. Meine Quellen waren hinsichtlich des Punzierwerkzeugs recht vage, aber scheinbar wird es meist vom Schnitzer selbst hergestellt und ist nicht im Handel erhältlich. Ein Tipp war die Verwendung eines Nagels als Punziereisen, aber alle Quellen betonten, dass die Vorderseite glatt und poliert sein sollte, um die Holzfasern nicht zu brechen, sondern nur einzudrücken. Da ich sie in meiner Werkstatt nicht verwende, schieden Nägel aus. Nach einigem Überlegen entschied ich mich für Bohrer. Universalbohrer gibt es in vielen Größen, sie sind aus HSS, also stabil und leicht zu schleifen – und sie sind billig. Ich habe jede Menge 3-mm-Bohrer, was mir ein guter Anfang schien.

Ich wollte das stumpfe Ende des Bohrers abrunden, um ein rundes Punziereisen herzustellen, also formte ich das Ende mit dem Schleifgerät vorsichtig zu einer Kuppel um. Dann schnitt ich Schleifpapier mit Körnung 320 zu und rundete die Form weiter ab, bevor ich alle Kratzer mit Körnung 1200 entfernte und mit dem Polieren begann. Da mir dies noch nicht reichte, benutzte ich meinen Streichriemen, um dem Punziereisen den letzten Schliff zu geben.

Mein Streichriemen ist einfach ein Stück Leder; ich bevorzuge die Wildlederseite, weiß aber nicht, welche Seite wirklich die beste ist. Ich habe eine Mischung aus Autosol-Metallpolitur und Vaseline in die Oberfläche eingerieben. Die Vaseline soll das Austrocknen der Politur verhindern. Ich benutze ihn, um Drechseleisen und Stechbeitel zu schärfen, und auch die Politur der abgerundeten Punziereisenspitze gelang perfekt.

Punzieren des Holzes.

Die zum Aufrichten bereiten Vertiefungen.

Erzeugen von Dampf mit dem Bügeleisen.

Ergebnis meines ersten Experiments: schwer zu erkennen.

EXPERIMENT 1

Laut meiner Online-Recherche eigneten sich dichte Hölzer wie Buchsbaum am besten für diese Technik. Ich fand ein großes Stück in meiner „Buchsbox" (ich kaufe es bei jeder Gelegenheit, weil es so ein schönes Holz ist, das ich gern auf Lager habe). Eine kurze Anmerkung zur Holzwahl: Obwohl alles, was ich über Ukibori gelesen hatte, Buchsbaumholz nahelegte, funktioniert das Punzieren bei fast allen Arten, aber das Ergebnis kann sehr zart sein, weshalb ich ein Holz ohne starke, offene Maserung (wie Eiche oder Esche) empfehlen würde. Ich wüsste jedoch nicht, was gegen Holz mit relativ hoher Dichte wie Ahorn oder Obsthölzer wie Apfel spräche.

Für mein erstes Ukibori-Experiment spannte ich das Holz in meinen Schraubstock. Ich wusste, dass die Fasern nicht brechen dürfen. Ich begann also mit meinem kleinen Stifthammer und schlug Vertiefungen ein: einige mit Abstand und andere fast überlappend. Ich hatte gelesen, eine Bleistiftmarkierung unten in den Vertiefungen würde helfen, zu erkennen, wann ich mit dem Schleifen aufhören sollte, also probierte ich dies aus, bevor ich die Oberfläche mit dem Schleifband anschliff, um nur einen Hauch der Bleistiftmarkierungen zu hinterlassen.

Meist wird empfohlen, die Maserung mit (fast) kochendem Wasser zu heben. Da ich keinen Wasserkocher in der Werkstatt habe, wandte ich eine alte Möbelrestauratorentechnik an, mit der ich in der Vergangenheit Dellen beseitigen konnte: Ich feuchtete ein Papiertuch an (ein Baumwolltuch geht auch) und legte es auf die Delle, dann setzte ich ein altes Bügeleisen auf das nasse Tuch. Hitze und Dampf lassen die Holzfasern aufquellen und entfernen die Delle. Für das beste Ergebnis sollte dies möglichst bald nach dem Entstehen der Delle geschehen. Genau das tat ich auch hier, und es funktionierte; auch wenn der Effekt recht zart und schwer zu fotografieren war, war er dennoch gut fühlbar.

SICHERHEITSVORKEHRUNGEN

Anfangs hielt ich den Bohrer einfach mit den Fingern, aber die Spiralgewinde waren schärfer als gedacht und hinterließen einige leichte Schnitte an meinem Finger. Zum Glück verhinderte meine dicke Haut, dass es blutete, aber sobald ich das Problem erkannte, umwickelte ich den Bohrer mit Malerkrepp, um weitere Verletzungen zu verhindern.

Malerkrepp auf dem Gewinde für mehr Sicherheit.

EXPERIMENT 2

Da ich beim ersten Mal wohl etwas zu vorsichtig gewesen war, nahm ich diesmal meinen großen Zimmermannshammer, um tiefere Eindrücke zu erzeugen. Bei einigen brach ich absichtlich die Fasern ein wenig (was bei dichtem Buchsbaum nicht einfach ist), um zu sehen, wie sich das auf das Endergebnis auswirkte. Ich wiederholte den Vorgang wie zuvor und freute mich, dass sich die Textur deutlich verbesserte. Trotz der Warnungen schien das leichte Brechen der Fasern keine wirklichen Probleme verursacht zu haben.

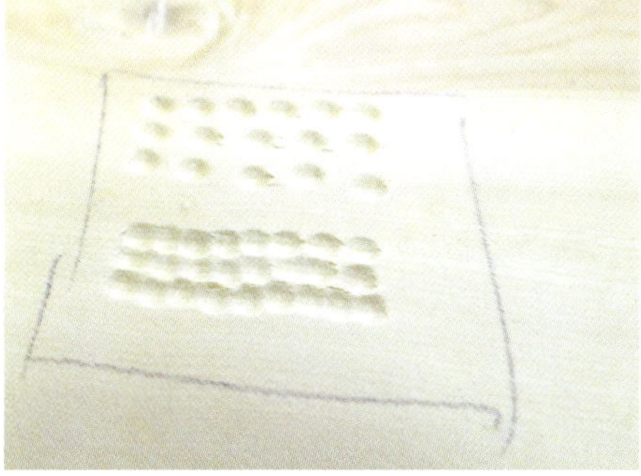

Der zweite Satz Einkerbungen war tiefer und beschädigte einige Holzfasern leicht.

Das Ergebnis war jedoch viel besser.

EXPERIMENT 3

Diesmal war ich neugierig, wie groß der Unterschied bei einer andere Punziereisengröße sein würde. Darum schliff und polierte ich einen 6-mm-Bohrer gleich wie zuvor und wiederholte den Vorgang. Das funktionierte ebenso gut, obwohl ich überrascht war, wie viel mehr Kraft für eine gute Vertiefung mit dem größeren Werkzeug nötig war.

Die polierten Punziereisen (6 mm und 3 mm).

Die Vertiefungen des dritten Experiments.

Ein gutes Ergebnis, aber ich brauchte tiefere Eindrücke.

PROJEKTWAHL

Während ich mit der Technik experimentierte, überlegte ich, wie ich Ukibori in einem Projekt einsetzen könnte. Die Bilder fertiger Arbeiten und meine Versuchsergebnisse legten nahe, dass es am besten für zarte Texturen wie Schlangenhaut oder Fischschuppen geeignet war. Eines der besten Beispiele, das ich im Internet gesehen hatte, war eine sehr lebensnahe Kröte.

Die Idee eines Bands aus Schlangenhaut um eine Schatulle oder Vase gefiel mir, aber der damit verbundene Arbeitsaufwand und wie komplex und präzise ich arbeiten müsste, um diese Haut nachzuahmen, schreckten mich ab – ganz zu schweigen vom Einfärben, um ein natürliches Aussehen zu erzielen. Ich dachte weiter über Inspiration aus der Natur nach – und an die Dose mit der Eichenblatttextur, die ich gefertigt hatte (siehe S. 100). So kam ich auf Eicheln.

Eicheln bestehen aus einer glatten Nuss und einem strukturierten Fruchtbecher, der Cupula. Dies drängte sich für ein Ukibori-Projekt geradezu auf. Eine Netsuke-Eichel schien mir angesichts der Geschichte dieser Technik sehr passend.

Ich suchte im Internet nach Bildern von Eicheln und ihrer Textur. Sie unterscheiden sich stark in Größe und Farbe, aber auch in der Textur des Fruchtbechers. Das erklärt die vielen Variationen der traditionellen Eichel-Zierspitze, von denen ich über die Jahre mehr gedrechselt habe, als ich zählen kann. Das Muster scheint aus lauter Rauten zu bestehen, die dort, wo der Kelch auf die Nuss trifft, relativ groß sind und sich zum Stängel hin stark verkleinern. Vielleicht könnte ich das Punziereisen in Rautenform bringen und hier verwenden?

RAUTENFÖRMIGE PUNZIEREISEN

Ich kehrte mit meinen Punziereisen zurück zur Schleifmaschine und wiederholte den Schleif- und Poliervorgang, bis ich Rauten an den Enden hatte. Wie zuvor erprobte ich das Muster an meinem im Schraubstock eingespannten Stück Buchsbaum. Ich war mit der Schärfe der Abdrücke sehr zufrieden, und sobald der Dampf hinzukam, entwickelten sie eine sehr fühlbare Textur – viel besser als das, was von den abgerundeten Stempeln kam, und Reptilienhaut sehr ähnlich. Ich glaubte, das würde gut funktionieren. Das Einzige, was ich ablehnte, war die Verwendung der Bleistiftmarkierung, da sie sich nur schwer von dem fertigen Stück entfernen lassen würde, ohne die frisch gehobene Textur abzuschleifen.

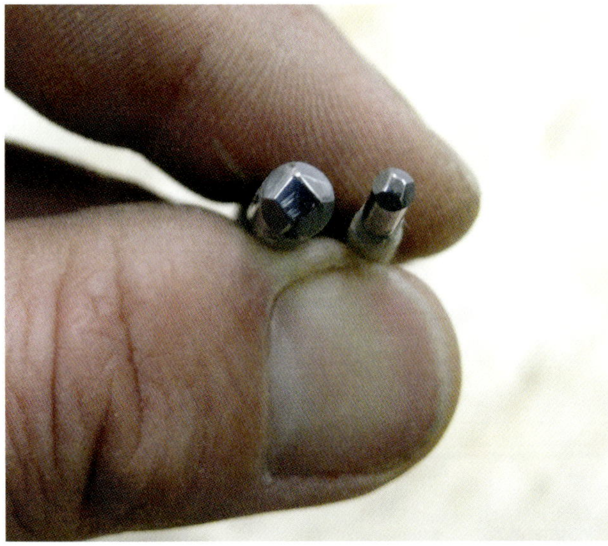

Umgeschliffene und polierte Punziereisen mit Rautenform.

Quadratische und rautenförmige Vertiefungen.

Diese Punziereisen lieferten sehr zufriedenstellende Ergebnisse.

DRECHSELN DER EICHEL

Ich wählte ein vielversprechendes Stück abgelagertes Buchsbaumholz mit einem Durchmesser von ca. 50 mm, schruppte es zu einem Zylinder und schnitt am Ende einen Zapfen (Ø 18 mm) für meine kleinen F-Backen. Das Drechseln von Buchsbaumholz ist ein echtes Vergnügen und ich empfehle Ihnen, es auszuprobieren. Es ist sehr dicht, hat eine glatte Textur, und die Späne fallen wie lange, feine, blonde Stränge.

Ich formte zuerst die Cupula mit der Nuss im Spannfutter. Dann schliff ich sie mit 600er-Schleifpapier. Bevor ich die Eichel aus dem Futter nahm, markierte ich die Position einer Backe, um sie möglichst leicht wieder montieren zu können. Auch wenn sie im Moment etwas obszön aussah, war ich zuversichtlich, dass sie sich im Laufe des Prozesses machen würde.

Schruppen des Buchsbaumholzes.

Ein 18-mm-Zapfen passt in mein Spannfutter.

Drechseln des Fruchtbechers.

Bereit zum Punzieren mit markierter Backenposition.

PUNZIEREN

Als Nächstes musste ich herausfinden, wie ich die teilweise gedrechselte Eichel halten sollte. Ich legte ein Stück Stoff als Schutz auf meine Werkbank und versuchte, gerade darauf zu stempeln. Dabei rutschte die Eichel, wie zu erwarten, herum. Um das zu verhindern, nahm ich meinen V-Klotz, den ich benutze, um gedrechselte Formen zum Schneiden oder Bohren einzuspannen. Ich klemmte ihn auf die Werkbank, mit einem weiteren Klotz am Ende des V-Klotzes, gegen den ich gut arbeiten konnte. In den ersten paar Reihen mit dem größeren Eisen funktionierte dieser Aufbau gut, beim Bearbeiten der Biegung der Cupula wurde es unmöglich, das Stück zu halten. Zurück an der Drehmaschine fragte ich mich, warum ich die Eichel überhaupt abgenommen hatte, denn so funktionierte es am besten. Ich verwendete das kleine Eisen an der Basis und arbeitete mich bis zu den Reihen der größeren Punzierungen vor.

Nach etwa 35 Minuten Punzieren überprüfte ich mein Werk und fügte einigen sichtbaren Lücken zusätzliche kleine Einkerbungen hinzu. Mir war klar, dass die Textur nicht ganz genau sein würde, aber das entsprach eher dem Aussehen einer echten Eichel und würde sie leichter erkennbar machen.

Ich schliff gleichmäßig und sorgfältig über die Textur (Körnungen 240 bis 600), um sicherzustellen, dass ich nicht zu tief kam. Ich konnte sehen, dass ich mit der Tiefe meiner Punzierungen etwas inkonsequent gewesen war, vor allem, wo die Eichel nicht sicher gehalten wurde, aber fand, es sei Zeit, die Maserung zu heben.

Punzieren im V-Klotz auf der Werkbank.

Punzieren auf der Drehmaschine.

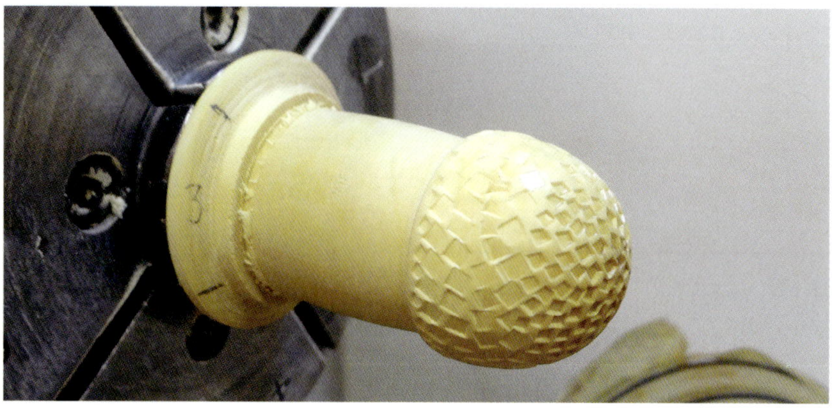

Das Ergebnis des Punzierens.

Bedampfen der Eichel.

HEBEN DER MASERUNG

Nun kam der Moment der Wahrheit. Ich musste beim Bedampfen der Eichel vorsichtig sein. Bei meinen früheren Versuchen hatte ich an einem relativ großen Stück Holz gearbeitet und konnte meine Hände fernhalten. Bei dieser kleinen Eichel gefährdete der Dampf meine Finger, also zog ich einen Schutzhandschuh an und war besonders vorsichtig.

Ich befeuchtete einen Papiertuchstreifen, faltete ihn doppelt, legte ihn auf die Eichel und setzte das heiße Bügeleisen an. Ich bearbeitete die Stelle gründlich und überprüfte das Ergebnis. Ich war sehr zufrieden: Bei meiner Recherche hatte ich gelesen, dass Ukibori auf Hirnholz nicht so gut funktioniere, aber die Beweise, die ich hier fand, sprachen eine andere Sprache. Es hebt sich mindestens genauso gut wie Längsholz, wenn nicht sogar besser.

Das Ergebnis des Bedampfens war gut.

FERTIGSTELLUNG

Nachdem ich sie ein paar Minuten trocknen gelassen hatte, fügte ich für realistischeres Aussehen mit einem kleinen Pinsel etwas Walnussbeize hinzu und achtete darauf, dass nichts auf die Nuss kam. Dann drechselte ich diese in Form und schliff sie (Körnung 600). Rückblickend hätte ich den Rohling ca. 20–30 mm länger lassen sollen, um das Abstechen zu erleichtern, aber es gelang mir, ihn zu einem kleinen Stift zu drechseln, mit einem schmalen Abstecher zu trennen und den kleinen Rest von Hand abzuschleifen. Zum Schluss trug ich zwei Schichten Hartwachsöl auf.

Die Ukibori-Experimente haben mir Spaß gemacht, und ich glaube, dass ich dies in Zukunft für verschiedene Texturen mit Punziereisen in unterschiedlichen Größen und Formen nutzen kann. Die Eichel könnte man durch Anpassen der Punziereisenform und mehrere Größen verbessern. Die Punziereisen mit dem flachen Ende waren definitiv effektiver als die mit dem abgerundeten Ende. Sollte ich die Technik noch einmal ausprobieren, würde ich für ein besseres Ergebnis versuchen, die Vertiefungen gleichmäßiger zu gestalten. Insgesamt war ich aber glücklich mit meiner kleinen Netsuke-Eichel.

Beizen der Cupula.

Die fertige Ukibori-Eichel.

Segmentvase

Die ursprüngliche Aufgabenstellung war hier recht vage: Ich sollte etwas mit einer segmentierten Konstruktion herstellen. Ich wollte unbedingt etwas Anspruchsvolleres drechseln, brauchte aber mehr Details, um arbeiten zu können. Nach einigen Diskussionen mit dem Redakteur konkretisierten wir die Aufgabe zu einer vasenartigen Hohlform aus mindestens zwei verschiedenen Hölzern. Ich nahm die Herausforderung an und ging an die Recherche zu Hohlformen und Segmentierungstechniken.

RECHERCHE

Als Erstes brauchte ich für die Umsetzung eines derartigen Auftrags eine Form. Also suchte ich online nach Bildern von hölzernen Hohlformen, Glas- und Keramikvasen und sah mir zur Inspiration verschiedene segmentierte Arbeiten an.

Mir stachen mehrere Bilder ins Auge, und ich entschied, ein einfacher fließender Bogen wäre am schönsten und hilfreich dabei, schwierige unterschnittene Ränder zu vermeiden, die die ohnehin schon anspruchsvolle Aufgabe nur noch verkomplizieren würden. Mit einer hübschen Form im Kopf machte ich mich daran, eine Zeichnung in Originalgröße anzufertigen, und mir fiel sofort auf, wie viel Freiheit Drechsler von Segmentarbeiten haben. Normalerweise würde die Größe des verfügbaren Holzes beim Drechseln eines solchen Werks einschränken, aber da ich es aus Ringen kleinerer Blöcke herstellen wollte, konnte ich es so groß oder so klein machen, wie ich wollte – die einzigen Einschränkungen waren meine Drehmaschine und mein Können.

Ohne diese Limitierungen zu arbeiten, bedeutete aber auch, mit einem völlig leeren Blatt Papier und ohne Ausgangspunkt beginnen. Ich entschied, den Goldenen Schnitt als Richtlinie für meine Proportionen zu nutzen. Dies ist ein Proportionsverhältnis, das in der Natur häufig vorkommt, wodurch es für das Auge sehr vertraut und ansprechend wirkt. Das Verhältnis beträgt 1,618 (plus noch ein paar Dezimalstellen für Pedanten). Mit meinem Taschenrechner experimentierte ich mit einigen Größenkombinationen und entschied mich für 110 mm als guten Maximaldurchmesser. Durch Multiplikation mit 1,618 (und leichtes Aufrunden) erhielt ich eine Höhe von 180 mm. So konnte ich ein Rechteck auf mein Papier zeichnen und die Wölbung der Vase skizzieren.

HINZUFÜGEN VON SEGMENTEN

Bei einer gewöhnlichen Hohlform wäre das genug, um mit dem Drechseln beginnen zu können, aber da es sich um eine Segmentvase handelte, musste ich die Größe der Segmente planen und entscheiden, wie ich die beiden Hölzer mischen wollte – und sie erst einmal auswählen.

Wieder einmal wandte ich mich an das Internet und sah mir Beispiele verschiedener Segmentarbeiten an. Einige wirkten sehr unruhig, mit scheinbar zufälligen Blöcken in verschiedenen Farben, andere waren unglaublich detailliert und sehr aufwendig geschnitten und geleimt. Andere hatten komplexe Muster, die sich spiralförmig um das Werk schlängelten, was interessant war, aber eine Menge Planung erforderte.

Schließlich entschied ich mich für eine meiner Meinung nach gute Balance zwischen Einfachheit und Interesse. Ich wollte Ahorn und Walnuss mischen, vor allem Ahornringe und einen massiven Nussbaumsockel sowie zwei Ringe aus abwechselnd Ahorn und Walnuss als Blickfang an der breitesten Stelle und einen Walnussring als Abschluss des Vasenrands verwenden. Die Vase würde aus Ringen in Schichten zu einem Rohling geformt, der dann gedrechselt werden könnte.

BEWEGUNG IM HOLZ

Bis zu einem gewissen Grad löst das Segmentieren viele Probleme, die mit der Bewegung des Holzes verbunden sind, da es sich prozentual zu seiner Größe bewegt und viele kleine Blöcke die Bewegung minimieren. Probleme gibt es bei unterschiedlichen Maserungsrichtungen, bei Sockeln und mit verschiedenen Hölzern. Alle meine Blöcke würden gleich ausgerichtet sein, dies wäre also kein Problem, aber ich bräuchte einen Sockel und zwei Holzarten.

Meine Recherchen zu Sockeln ergaben den allgemeinen Konsens, dass es kaum Probleme mit Bewegungen gibt, solange sie klein sind – häufig wurde ein Wert von unter 100 mm genannt. Mein Sockel sollte zunächst etwa 70 mm messen und dann schmaler werden; ich erwartete also keine Probleme. Alternativ hätte ich auch einen schwimmenden Sockel anfertigen können, ähnlich wie bei dekorativen Paneelen im Tischlerhandwerk, z. B. bei Türen; dieser ist zwar komplizierter in der Herstellung, aber unglaublich zuverlässig. Ich hätte auch einen „Tortenboden“ aus segmentierten Dreiecken herstellen können, was aber eine sehr hohe Ausfallsquote haben soll.

Diese Holzrohlinge wurden aus ähnlichen Teilen der Bäume gesägt.

Die Bewegung kann auch dadurch verursacht werden, dass sich Segmente aus verschiedenen Holzarten unterschiedlich verziehen, was zu winzigen, meist nur ertastbaren Abstufungen zwischen den Blöcken führt. Dieses kleinere Problem wollte ich nach Möglichkeit vermeiden. Laut Recherche sollten Hölzer ähnlicher Dichte und mit ähnlicher Faserausrichtung sich ähnlich bewegen, was die unerwünschte Textur zwischen den Blöcken hoffentlich verhindern würde.

Eine weitere mögliche Ursache für das Verziehen ist die Feuchtigkeit des Leims selbst, durch die das Holz leicht aufquellen kann. Um dies zu vermeiden, sollte das Projekt nach dem letzten Schliff einige Wochen ruhen und vor Fertigstellung für eine perfekt glatte Oberfläche erneut geschliffen werden. Das war mir wegen des Redaktionsschlusses und eines sehr vollen Terminkalenders leider nicht möglich. Meine Walnuss- und Ahornrohlinge wurden aus sehr ähnlichen Teilen des Baumes geschnitten, und da die durchschnittliche Dichte beider Holzarten ähnlich ist, sollte dies ausreichen, um ungewollte Bewegungen zu vermeiden, aber das würde die Zeit zeigen.

ZUSCHNITTLISTE

Nachdem mein Entwurf fertig war, teilte ich ihn in Schichten auf, um die Dicke der einzelnen Ringsegmente leichter bestimmen zu können. Ich entschied mich für eine Dicke von 18 mm, wobei die oberste und die unterste Schicht dünner sein sollten, aber als Arbeitserleichterung würde ich sie überdimensionieren und während des Drechselns anpassen.

Um die Blöcke beim Zusammensetzen leichter richtig auszurichten, schnitt ich sie auf eine Breite von 25 mm zu, was reichte, damit die Vase anfangs dicke Wände bekam und ich sie nach meinem Geschmack drechseln konnte, was auch bedeutete, dass sofort klar war, in welche Richtung ich sie beim Formen des Rings positionieren sollte.

Ich spaltete die Bretter meiner Wahl in Streifen und hobelte sie auf die richtige Größe, um Streifen von 25 mm Breite und 18 mm Dicke zu erhalten. Anhand der Zeichnung konnte ich die passenden Durchmesser für die einzelnen Ringe ausrechnen, was die Herstellung wirtschaftlicher machen sollte.

Vor dem Beginn des Zuschnitts musste ich noch ein wenig rechnen. Ich beschloss (aus keinem besonderen Grund), jeden Ring aus acht Segmenten zu fertigen:

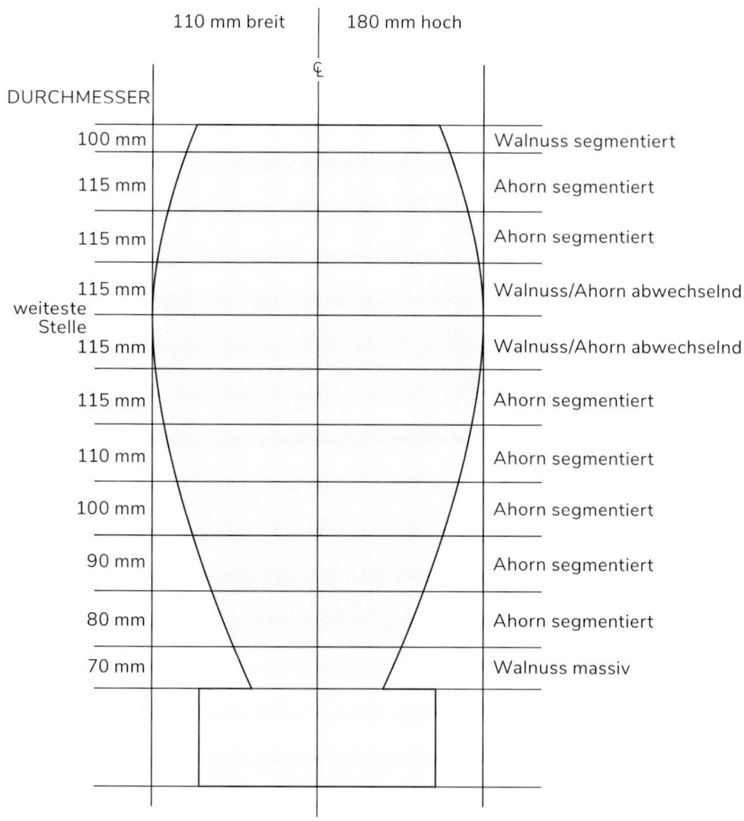

Der Entwurf der Vase mit den Schichten.

- 360° (ganzer Kreis) geteilt durch 8 = 45°.
- Jeder Winkel hat zwei Flächen, also muss jede Fläche 22,5° (die Hälfte von 45) betragen.

Ich musste den Umfang jedes Rings kennen. Ein Online-Rechner kann die bekannten Durchmesser leicht in einen Umfang umwandeln – oder man multipliziert den Durchmesser mit π (3,14).

Der Umfang jedes Rings wird dann durch 8 (die Anzahl der Segmente) geteilt, um die Größe der einzelnen Segmente zu ermitteln. Ich habe die Maße leicht aufgerundet, damit sie leichter zu handhaben sind.

ZUSCHNITT

Ich stellte den Anschlag meiner Säge mit meinem digitalen Winkelmesser auf 22,5° ein. Perfekte Winkel zu sägen ist zwar nicht unmöglich, aber der für die Ringe notwendige Grad der Genauigkeit ist ohne hochwertige digitale Geräte oder viele Testschnitte unglaublich schwer zu erreichen. Ich verabschiedete mich von dem Gedanken an perfekt gesägte Ringe, das machte den Zuschnitt viel einfacher und weniger frustrierend. Ich stellte meine Säge einfach auf die gewünschte Größe ein, schnitt die acht Segmente auf diese zu und ging

Einstellen des Gehrungsanschlags.

Zuschnitt der Segmente.

zum nächsten Schritt über. Nach dem Zuschnitt eines jeden Satzes von acht Segmenten fügte ich sie zusammen und beschriftete sie, damit sie nicht durcheinanderkamen. Nicht lange, und ich hatte das Holz für meine zehn Ringe zugeschnitten.

SICHERHEIT AN DER SÄGE

Es ist erwähnenswert, dass Sie beim Ablängen auf einer Tisch- oder Kappsäge den Anschlag so einstellen müssen, dass das Holz nicht zwischen Blatt und Anschlag eingeklemmt werden kann, da dies dazu führen kann, dass Ihnen Holzstücke schwungvoll zurückgeschleudert werden. Dafür muss der Anschlag so gestellt werden, dass er weit vor dem Sägeblatt sitzt, oder ein Holzklotz an den Anschlag geklemmt werden, um den nötigen Freiraum für einen sicheren Querschnitt zu schaffen.

Alternativer Aufbau mit Holzklotz für einen sicheren Arbeitsbereich.

VERLEIMEN

Als alle Ringe auf der Werkbank lagen, konnte ich mit dem Verleimen beginnen. Ich benutzte weißen Holzleim und trug anleitungsgemäß eine dünne Leimschicht auf jede Seite auf, bevor ich die Stücke flach auf die (zur Fleckenvermeidung mit braunem Papier ausgelegte) Werkbank legte und eine Leimfuge bildete. Dies ist eine traditionelle Art, kleine Holzstücke zu verleimen: Indem ich mit den Fingern Druck auf die Fuge ausübte und die Teile aneinander rieb, spürte ich, wie die Fuge einzog und festsaß. Ich drückte mit den Fingerspitzen einige Sekunden lang weiter, bevor ich den Vorgang am nächsten Klotz wiederholte. Ich bildete Halbkreise aus Sätzen zu je vier Segmenten – es war wichtig, zu diesem Zeitpunkt noch keine vollständigen Ringe herzustellen.

Die beiden sich abwechselnden dekorativen Ringe setzte ich etwas sorgfältiger zusammen, damit sie sich um den ganzen Ring herum abwechseln, aber sonst blieb die Herstellungsart gleich. Die halben Ringe wurden für einige Stunden zum Trocknen beiseitegelegt, bevor es weiterging.

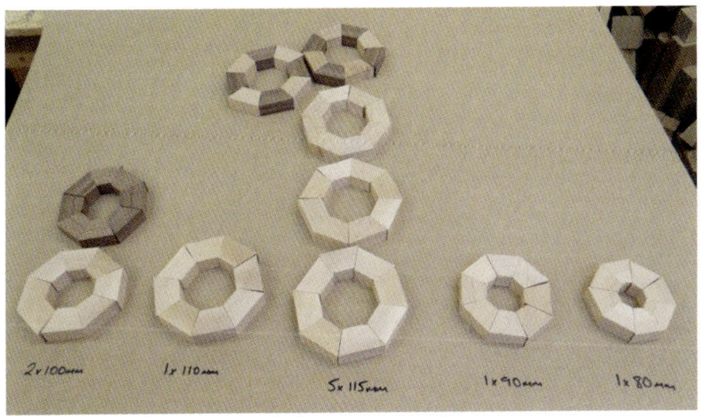

Zu Ringen gelegte Segmente bereit zum Verkleben.

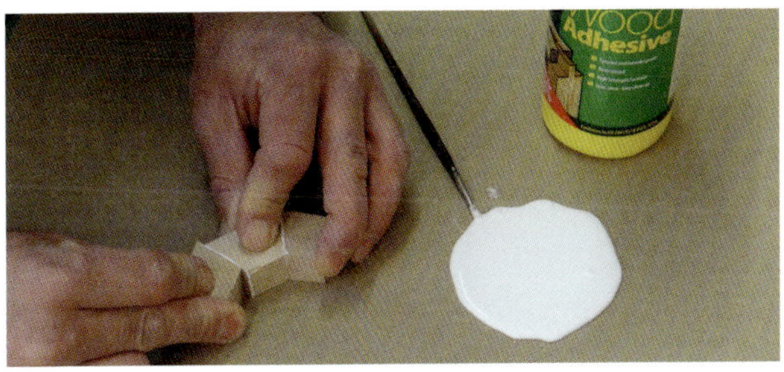

Verreiben der Leimfuge der Segmente.

Jeder Ring wurde zunächst in zwei Hälften gefertigt.

Abflachen der Ober- und Unterseiten der Halbkreise.

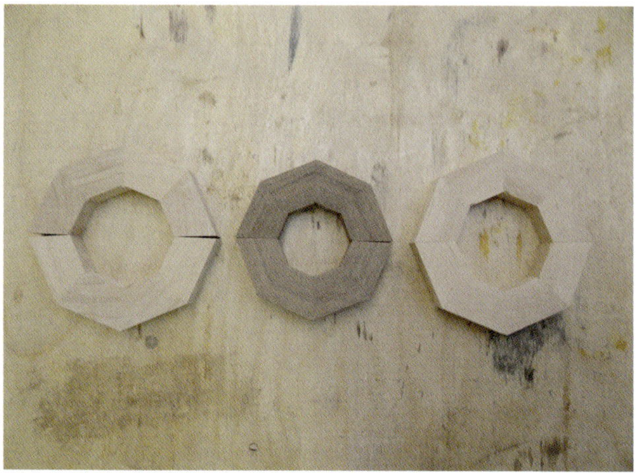

Die Winkelabweichung ist gering, aber potenziell frustrierend.

VERSÄUBERN

Sobald alle Ringhälften getrocknet waren, schliff ich die flachen Seiten mit einem fest um ein MDF-Brett gewickelten Stück Schleifpapier (Körnung 180), um den getrockneten Leim zu entfernen und die Ober- und Unterseiten für den nächsten Schritt zu glätten.

Danach setzte ich jede Hälfte mit ihrem Zwilling zusammen. Ich fand es interessant, dass einer der Ringe einen perfekten Kreis bildete, während die anderen verschieden große Lücken aufwiesen. Ohne den folgenden Arbeitsschritt hätte ich hätte das sehr frustrierend gefunden ...

ZUSCHNITT DER FUGE

Ich fertigte eine einfache kleine Halterung an, die aus einem Stück MDF-Platte, einer Holzleiste, die in den Schlitz auf dem Sägetisch passte, und einer Schnellspannklemme bestand. Die Leiste wurde unten an der MDF-Platte befestigt, die dann so zugeschnitten wurde, dass die Kante der Platte parallel und ohne Spielraum zur Säge verlief.

Die Klemme wurde an die MDF-Platte geschraubt und hielt den Segmenthalbkreis fest auf der Platte. Ich richtete die nicht zusammenpassenden Hirnholzflächen an der Kante der Platte aus, befestigte sie und führte den Schnitt aus. So entstand ein sauberer Schnitt über die Flächen und eine perfekte Ebene. Wenn man dies an der je anderen Hälfte des Rings wiederholte, wurden die Verbindungen perfekt und ich konnte die Ringe ohne den zuvor aufgekommenen Frust fertigstellen.

Die beiden nun perfekt angepassten Hälften wurden wie zuvor verleimt und der vollständige Ring noch einmal zum Trocknen beiseitegelegt.

Die Halterung in Aktion: Abflachen der Flächen zum Formen der Ringe.

Verleimen der Ringe mit der gleichen Leimfugentechnik.

AUFSCHICHTEN

Sobald der Leim getrocknet war, schliff ich die Ober- und Unterseite erneut mit dem Schleifpapier auf dem Brett und reinigte sie gründlich, um den Staub zu entfernen, bevor ich mit dem nächsten Leimvorgang fortfuhr.

Ich hatte die Ringe nummeriert, um stets zu wissen, welche Teile in welcher Reihenfolge zusammengehörten. So konnte ich sie für die Vase leicht übereinanderschichten.

Ich schnitt eine Walnussholzscheibe mit 50 mm Dicke und 70 mm Durchmesser für den Sockel zu und machte einen Probelauf für das Zusammenkleben. Solche Stapel sind unglaublich fummelig herzustellen, vor allem, wenn sie bündig sein sollen. Einfacher wäre, ihn in Hälften zu verleimen, damit ich die untere Hälfte leicht aushöhlen, dann die obere Hälfte hinzufügen und das Projekt abschließen könnte. Das wäre zwar einfacher zu drechseln und zu leimen, würde aber noch mehr Leimen erfordern – und Zeit, die ich nicht hatte. Also entschied ich mich, in einem Rutsch zu leimen, und hoffte, dass sich die beiden Hälften gut ausrichten ließen, um sie innen auf etwa 170 mm aushöhlen zu können.

Der Probelauf ging gut, aber ist meistens so. Ich beschloss, die natürliche Tendenz des Leims zum „Greifen" zu nutzen, und nahm mir Zeit, jede Lage zu stapeln. Ich wollte jeden Ring greifen lassen, um dann ohne viel Verrutschen Klemmen hinzufügen zu können.

Ich reihte die Ringe wie eine Ziegelmauer auf, sodass jede Verbindung auf massivem Holz lag, was eine sehr starke Oberfläche ergeben und jede leichte Abweichung zwischen den Verbindungen verbergen sollte. Nach dem Verleimen des Stapels fügte ich oben und unten je eine Holzscheibe hinzu (Reststücke einer früheren Arbeit, von denen ich wusste, dass ich sie einmal brauchen würde!) und brachte für gleichmäßigen Druck drei Einhandzwingen an. Drei oder vier Hände wären hier praktisch gewesen, wie so oft beim Verleimen, aber ich schaffte es, alles wie gewünscht zusammenzufügen, und ließ es über Nacht vollständig aushärten.

DRECHSELN DER VASE

Nach dem Lösen der Klemmen sah ich, dass sich beim Verleimen etwas verschoben hatte, aber da ich das Holz 25 mm breit gelassen hatte, gab es genug Material für eine Korrektur während des Drechselns. Ich spannte den Klotz zwischen den Mitnehmer und einen großen Kegel

Verleimen der Ringe in Schichten.

Zusammenklemmen des Stapels.

Ohne die Klemmen sah ich, dass die Ringe leicht verrutscht waren, aber noch innerhalb der Toleranz.

Schneiden mit einer Schalenröhre.

Die Oberfläche nach dem Schneiden zeigt die wechselnden Maserungsrichtungen.

Schaber mit negativer Fase zum Verbessern der Oberfläche.

Aushöhlen der Innenseite.

an der Körnerspitze. Alternativ hätte ich auch einen hölzernen Kegel drechseln können, um ihn in die Öffnung zu schieben und daran zu drehen.

Ich begann, das Äußere der Vase in die geplante Form zu bringen. Die Schrupprröhre hinterließ eine sehr raue Oberfläche, da jeder Klotz halb mit und halb gegen die Maserung verlief. Die Schalenröhre verbesserte die Oberfläche und schruppte die Form gut zurecht. Ich konzentrierte mich auf die obere Hälfte, um den Unterteil nicht zu früh zu schwächen. Ein Schaber mit negativer Fase erzeugte das beste Ergebnis. Ich verwendete einen 12 mm großen runden Schrägmeißel, zu diesem Zweck gerade geschliffen und angespitzt, der mit dem Grat schabte.

Das Innere wurde mit einem Karbidwerkzeug ausgehöhlt. Das größte Problem war die facettierte Oberfläche im Inneren der Ringe, durch die vor einem glatten Schnitt geschnitten werden musste. Einiges Schneiden und Säubern später war ich mit der Innenfläche zufrieden. Ich wechselte wieder zur Außenseite und vollendete die untere Wölbung mit einer Spindelröhre und meinem Rundmeißel, den ich wie einen Schaber mit negativer Fase führte.

FERTIGSTELLUNG

Zufrieden mit der Form schliff ich mich durch die Körnungen von 120 bis 400 und ging innen so weit, wie ich sicher mit der Hand konnte. Dann verwendete ich einen Schleifstab, um bis zum Boden zu gelangen. Dabei handelt es sich einfach um ein Holzstück mit schmalem Schlitz, damit sich das Schleifpapier darum wickeln kann. So gelangt man beim Schleifen viel sicherer in eine tiefe Wölbung hinein.

Ich drechselte den Ansatz auf einen kleinen Zapfen herunter, sägte die Vase ab und schliff den Zapfen mit der Schleifmaschine plan. Ich versiegelte die Vase mit Hartwachsöl und polierte sie leicht mit einer in Carnauba getränkten Bürste.

Ich vergesse immer, wie schwierig tiefes Aushöhlen ist, obwohl die Maserungsrichtung die Dinge zu erleichtern schien, und ich war mit der gleichmäßigen Wandstärke von 6 mm zufrieden. Die dekorativen Ringe hatten nicht ganz die Wirkung, die ich mir erhofft hatte. Nächstes Mal könnte ich massive Walnussringe oder mehr Segmente verwenden, um den Schachbretteffekt zu verstärken. Ich war jedoch mit den oberen und unteren Walnussdetails zufrieden. Insgesamt mag ich das Endergebnis, aber es gibt immer Raum für Verbesserungen.

Säubern des Inneren mit einem Schleifstab.

Absägen der Vase vom Holzrest.

Die fertige Segmentvase.

INTERESSANTE OBJEKTE

Herzanhänger

Die Aufgabenstellung für diese Herausforderung war ziemlich weit gefasst – ein Schmuckstück drechseln –, aber ich hatte sofort ein paar Ideen. Ich hatte in der Vergangenheit schon einige Schmuckstücke gedrechselt, darunter auch Armreife, und sogar einmal jemandem beigebracht, sich einen hölzernen Verlobungsring zu drechseln. Aber es gab etwas, was ich schon immer mal ausprobieren wollte, aber nie die Gelegenheit dazu hatte: ein gedrechseltes Herz. Ich dachte mir, dass das einen fantastischen Halskettenanhänger abgeben würde, und so beschloss ich, es zu machen.

RECHERCHE

Mein Freund Steve Jones, ein Berufsdrechsler aus den West Midlands, hat vor ein paar Jahren ein gedrechseltes Herz als Zierspitze auf einer Hohlform für ein Valentinsgeschenk hergestellt. Es gibt davon ein YouTube-Video, das Sie finden, wenn Sie nach @woodturner21 suchen. Er hat mir freundlicherweise erlaubt, die Technik hier zu verwenden, darum war das Video Teil meiner Recherche.

DIE THEORIE

Wie so viele Dinge ist auch ein Herz leichter zu drechseln als gedacht, wenn man das Prinzip verstanden hat und weiß, auf welche Bereiche man sich konzentrieren muss. Nachdem ich mir Steves Video angesehen hatte, experimentierte ich herum, um herauszufinden, wie das Herz geformt sein sollte. Als Anhänger sollte das fertige Herz entsprechend klein sein, aber die Experimentierstücke sollten der Einfachheit halber etwas größer werden; ich konnte die Form dann verkleinern, wenn ich die Proportionen festgelegt hatte.

Ich skizzierte grob ein Herz in der geeigneten Größe (ca. 60 mm hoch und 55 mm breit). Anhand einer Linie mitten durch das Herz konnte ich erkennen, welche Form ich drechseln musste. Ich fand es schon immer schwierig, gute Herzen zu zeichnen. Im Internet findet man einige Methoden mit Zirkel und Kreisen, die ich in der Vergangenheit zum Fräsen von Herzen verwendet habe, aber das schien mir für diesen Zweck übertrieben – ein einfaches skizziertes Herz würde zur Orientierung reichen. An der Zeichnung erkennt man, dass zwei etwa tropfenförmige Werkstücke, die beide leicht angeschnitten und dann zusammengeklebt werden, eine Herzform bilden sollten. Ich musste jedoch experimentieren, um die beste Tropfenform zu erhalten und das beste Verhältnis zwischen Höhe und Durchmesser zu finden.

VON DER THEORIE IN DIE PRAXIS

Steve drechselt im Video beide Tränen aus einem einzigen Stück Holz, aber ich habe noch nie gern mehrere Teile aus derselben Spindel gedrechselt. Ich vergleiche lieber zwei Werkstücke, um sie bei Bedarf anpassen zu können, vor allem, wenn sie – wie hier – identisch sein sollen.

Ich suchte einige Kiefern- und Tulpenbaumholzstücke aus meinem Restestapel heraus, die sich perfekt als Übungsstücke eignen würden. Für meinen ersten Versuch drechselte ich zwei Kiefernholzstücke (60 mm lang, Ø 40 mm), wobei die breiteste Stelle 25 mm von der Oberkante entfernt war. Im Video verwendet Steve die Bandsäge, um die Fläche zu schneiden, und verfeinert sie mit einem Schleifgerät. Nachdem ich ein Paar einzelner Tränen gedrechselt hatte, erschien mir das Schneiden auf der Bandsäge ausgesprochen riskant, also wandte ich mich direkt meiner Schleifmaschine zu. Mit einer selbst gebauten Halterung hatte ich diese zu einer Kantenschleifmaschine umfunktioniert.

NICHT MASSSTABSGETREU

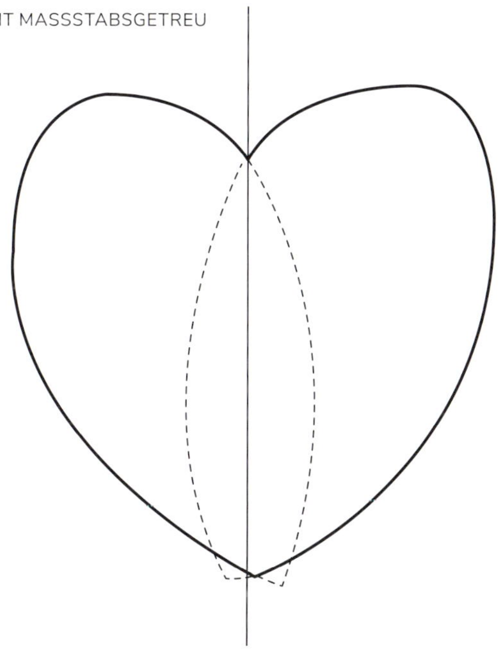

Planungsskizze des Herzens: Die gestrichelte Linie zeigt den von den ursprünglichen Tränen weggeschliffenen Bereich.

Drechseln meines ersten Tränenpaars.

HALTERUNG FÜR DAS BANDSCHLEIFGERÄT

Ich hatte diesen Aufbau bereits für die Springer meines Schachspiels (siehe S. 52) genutzt. Die Halterung beruht auf der des amerikanischen Holzwerkers Ramon Valdez, ist aus Birkensperrholz und hält das Schleifgerät sicher auf der Seite, wobei das Band von rechts nach links und im 90°-Winkel zum Tisch der Halterung verläuft. Dies ermöglicht einen sehr sicheren und kontrollierbaren Zugang zur flachen Oberfläche und dem runden Ende des Bands und macht das Gerät sehr vielseitig. Die Halterung ist mit dem Schraubstock flach an der Werkbank fixiert. Der Vorteil liegt in der stets konstanten Geschwindigkeit, während sich ein Tellerschleifer außen viel schneller dreht als in der Mitte, was zu unregelmäßigen Ergebnissen führen kann.

Kantenschleifvorrichtung mit Bandschleifer.

EXPERIMENTE 1 UND 2

Für die Prototypen klebte ich beide Hälften mit Superkleber zusammen, aber beim endgültigen Herz wäre mir das zu unsicher. Beim ersten Versuch verwendete ich ihn mit einem Spritzer Aktivatorlösung auf der anderen Seite; beide Hälften hielten nach nur wenigen Sekunden Druck mit den Fingern fest zusammen.

Ich sah sofort, dass ich auf dem richtigen Weg war, aber zu viel Holz weggeschliffen hatte und die wichtige und entscheidende Spalte oben am Herz kaum vorhanden war. Das Ganze sah auch etwas gedrungen aus, also wollte ich bei meinem zweiten Versuch weniger an der Schleifmaschine entfernen. Um die Spalte zu verbessern, erhöhte ich den breitesten Teil auf 15 mm von der Oberkante. Die Verjüngung zur Spitze hin wurde so länger und wirkte dadurch schlanker. Ich entfernte etwas mehr Holz, um die untere Verjüngung leicht hohl wirken zu lassen, wie man das bei stilisierten Liebesherzen manchmal sieht.

Außerdem wollte ich für das zweite Herz die Maserungsrichtung ändern. Bei meinem ersten Versuch wollte ich einen besonderen Wirbel in der Maserung ausarbeiten, aber nach dem Zusammenfügen beider Teile wirkte dies für das Auge eher verwirrend, als dass es das Herz interessanter machte. Daher drehte ich das Holz beim Schleifen um 90° und präsentierte es so, dass die Maserung auf der Vorderseite wagenschott und mehr wie Linien, weniger wie ein Wirbel wirkte.

Nachdem ich zwei neue Tränen gedrechselt sowie die Flächen geschliffen und zusammengeklebt hatte, konnte ich mich nicht des Eindrucks erwehren, dass dieser zweite Versuch eher wie Knoblauchzehen aussah als wie ein Herz, aber es gab definitiv einen Fortschritt im Design, und die geradere Maserung war eine optische Verbesserung. Zum Glück waren die kleinen Tränen schnell gemacht und man brauchte nur Holzreste, es wäre also kein Weltuntergang, wenn ich noch viele Herzen herstellen müsste, bevor ich ganz zufrieden war.

Verkleben mit Superkleber.

Mit dem ersten Herz stimmt etwas nicht.

Zweiter Versuch: auch nicht ganz richtig.

EXPERIMENT 3

Den breitesten Punkt von 25 mm auf 15 mm von der Oberkante zu versetzen, brachte den gewünschten Effekt, dass das Herz oben runder und der Spalt betont wurde, aber es sollte nicht so aussehen, als seien zwei abgerundete Teile aneinandergeklebt. Wo die beiden Hälften zusammenkommen, ist immer eine Wölbung nach innen, aber bei Herz 2 war sie zu stark ausgeprägt, also wollte ich bei Versuch 3 den Durchmesser der beiden Tränen von 40 mm auf 28 mm verringern.

Ich spannte etwas Holz zwischen Spitzen und drechselte die Träne. Ein 10 mm geringerer Durchmesser klingt nach keiner großen Veränderung, aber verbesserte das Aussehen erheblich, da die lange Verjüngung von der breitesten Stelle bis zur Spitze viel eleganter wurde.

Das Schleifen der Fläche an dieser neuen Form dauerte nur Sekunden. Nach dem Zusammenfügen war ich mit diesem Herz viel zufriedener. Ich grübelte, ob ich noch ein weiteres, vielleicht etwas kürzeres und weniger spitzes Herz versuchen sollte. Da ich außer zwei winzigen Holzresten und etwa zehn Minuten nichts zu verlieren hatte, entschied ich mich für Versuch 4, um zu sehen, ob ich aus etwas Gutem das Perfekte machen konnte.

Das dritte Herz war fast richtig; gut, aber nicht perfekt.

Experiment 4 war genau richtig!

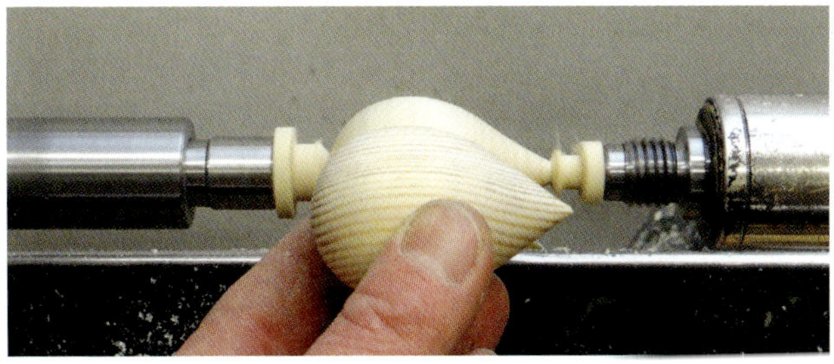

Die erste Träne diente zur Prüfung der Form der zweiten.

ZUSAMMENPASSENDE PAARE

Beim Drechseln von zwei oder mehr zusammenpassenden Stücken halte ich oft das Original vor das Werkstück auf der Drehmaschine. Das reicht natürlich nicht für das Abnehmen von Durchmessern (da hilft ein Messschieber), aber zum Angleichen von Bögen oder Verjüngungen ist der Silhouettenvergleich eine sehr nützliche Technik.

EXPERIMENT 4

Da ich die Kiefernreste aus meinem Holzstapel aufgebraucht hatte, nahm ich für den vierten Versuch ein Stück Tulpenbaumholz. Ich war mit dem oberen Teil des Herzens sehr zufrieden, also gab es dort nichts zu ändern, aber die einzelnen Tränen ein wenig zu verkürzen sollte mich ans Ziel bringen. Sie waren nun 50 mm lang bei einem Durchmesser von 28 mm, wobei der obere Bogen 15 mm von der Oberkante entfernt war. Diesmal rundete ich die lange Verjüngung leicht ab, anstatt sie hohl zu gestalten. Keine der Tränen war bis jetzt auf der Drehmaschine geschliffen worden, obwohl die fertigen Stücke das natürlich werden sollten. Wie zuvor schliff ich eine leichte Ebene an eine Seite jeder Träne und klebte sie mit etwas Sekundenkleber und Aktivator zusammen. Ich war sehr zufrieden mit diesem Versuch und froh, dass ich mich für ein viertes Experiment entschieden hatte. Die Bögen und Proportionen waren endlich wie erhofft und man würde das Herz sofort erkennen.

Der Fortschritt meiner Prototypen.

Drechseln der ersten Miniträne.

Ein Paar winziger Kiefernholztränen.

VERKLEINERN

Nachdem ich mich auf die Proportionen meines Herzens festgelegt hatte, suchte ich für die beste Größe online nach goldenen Herzanhängern. Ich sah mir einige Varianten an und entschied mich für eine Höhe von 25 mm.

Zu diesem Zeitpunkt waren meine Tränen 50 mm lang, 28 mm im Durchmesser mit der breitesten Stelle 15 mm unter der Spitze, was ein Herz mit einer Höhe von 52 mm und einer Breite von 55 mm ergab. Ich sollte also durch Halbieren dieser Maße ungefähr am Ziel ankommen.

Bewaffnet mit einem weiteren Kiefernholzstück und dem Wissen, dass meine Minitränen 25 x 15 mm mit einer Höchstbreite von 7 mm messen sollten, montierte ich dieses zwischen Spitzen und drechselte die Teile mit meinem 6-mm-Plattenstahl als kleinem Schrägmeißel.

Bei meinen Experimenten hatte ich festgestellt, dass die beiden Tränen sich möglichst ähneln sollten, leichte Abweichungen aber kein Problem waren. Beim Schleifen und Zusammensetzen wurde schnell klar, dass ein wenig mehr Holzabnahme an der einen oder anderen Hälfte die Verbindung verbesserte. Sobald die beiden zusammengefügt waren, mussten sie geschliffen werden, bevor die Oberfläche lackiert werden konnte. Dabei könnten leichte Ungleichheiten in der Form vorsichtig korrigiert werden – ein superschneller Prozess bei diesen winzigen Herzen.

Die beiden Hälften meines kleinen Kiefernherzens passten gut zusammen und ich war sehr zufrieden mit ihrem Aussehen. Ich fand, dass es sich perfekt als Anhänger einer Halskette eignen würde, genau so, wie ich es geplant hatte. Als Nächstes musste ich entscheiden, wie es an der Kette hängen sollte. Ich wollte ein Loch schräg von oben bis zur Mitte der Rückseite zu bohren, um die Kette einzufädeln. Ich versuchte es mit einem 3-mm-Bohrer, aber das Herz war so klein und ich bohrte entlang einer Klebelinie, sodass es einfach nicht funktionierte. Alsternativ konnte ich eine winzige Schrauböse in das Herz setzen. Ich war besorgt, dass dies ein wenig unelegant aussehen könnte, aber als ich die Öse etwas nach hinten versetzt und leicht schräg einschraubte, freute ich mich, dass sie kaum zu bemerken war und perfekt halten würde.

Der Prototyp des Miniherzens sah genau richtig aus.

Bohren war nicht möglich.

Die winzige Schrauböse war ideal.

HERSTELLUNG EINER AUSWAHL AN ANHÄNGERN

Ich wollte mehr als ein Herz fertigen, um mit dem Aussehen zu experimentieren. Natürlich müssen Liebesherzen rot sein, also wollte ich mindestens ein rotes drechseln und kramte in einer meiner Kisten mit exotischen Hölzern. Ich verwende sie selten, aber ich hatte eine Phase, in der ich immer etwas davon mitnahm, wenn mir ein Exemplar ins Auge stach. Ich fand ein Stück exotisches, rötlich gefärbtes Holz. Ich war mir unsicher, was genau es war, da es nicht beschriftet war, aber es könnte Pau Rosa gewesen sein. Es war hart und schwer, vor allem aber rot. Dazu suchte ich mir Ahornholz aus, das ich rot beizen konnte, und ich konnte auch versuchen, eine andere Farbe zu beizen. Außerdem wollte ich, dass ein Herz erkennbar aus Holz war. Obwohl Eiche zu meinen Favoriten gehört, ist die Maserung dafür zu offen, also nahm ich ein anderes Lieblingsholz: Walnuss.

Das Drechseln verlief tadellos: Ich verwendete meinen 6-mm-Plattenstahl und passte alle Stücke an meine erste Ahornträne an. Ich achtete besonders auf die Oberseiten, damit ich keine Druckringe in der Hirnholzmaserung hinterließ, und hielt meine Werkzeugbewegungen so leicht und sanft wie möglich. Außerdem ließ ich an jedem Tropfen einen winzigen Stift zurück, den ich am Ende von Hand wegschlitt, damit an diesem sehr sichtbaren Hirnholz nichts ausriss. Jedes Teil wurde vor dem Abstechen auf der Drehmaschine geschliffen (Körnung 320 und rotes Schleifpad).

Ich schliff die Enden jeder Träne von Hand, bevor ich die winzige Fläche an der Seite am Bandschleifer schliff. Ich richtete die Maserung sorgfältig so aus, dass die Vorderseite gerade gemasert war, wie bei meinen Prototypen.

Holzauswahl für den Herzanhänger.

Drechseln einer der winzigen Walnusstränen.

Genaueres Anpassen der winzigen Tränen.

Die gedrechselten Tränen.

Schleifen der Oberflächen der Tränen.

Verleimen der Herzen durch Reiben und Fingerdruck.

Da ich Superkleber nicht traue, leimte ich die kleinen Herzen mit weißem Holzleim. Ich wollte etwas Druck mit einer Klemme erzeugen, aber beim Zusammendrücken an der breitesten Stelle öffnete sich die Verbindung an der Spitze. Da ich dort keinen Druck aufbauen konnte, verband ich sie mittels Reibung und einiger Minuten Fingerdruck. Diese Reibeverbindung ist genau das, wonach sie klingt: Reibt man die beiden Hälften mit dem Leim dazwischen aneinander, wird die Luft herausgepresst und ein kleines Vakuum erzeugt, das die Hälften so weit zusammenzieht, dass der Klebstoff greifen kann. Das war nicht perfekt, aber das für mich gerade Beste. Nächstes Mal könnte ich den Druck durch einen herzförmigen Klemmaufsatz ausüben, aber die Reibeverbindung funktionierte diesmal gut. Ich ging bei allen vier kleinen Herzen so vor und ließ sie über Nacht aushärten.

FERTIGSTELLUNG

Ich glättete die Verbindungen mit einem gefalteten Stück 400er-Schleifpapier. Ich bearbeitete auch die Spitzen und Flächen und schliff am Ende jedes Stück gründlich mit einem roten Schleifpad.

Dann goss ich etwas rote Beize in die kleine Edelstahlschüssel, die ich zum Mischen von Beizen und für andere Arbeiten mit Flüssigkeiten verwende, und ließ eines der Ahornherzen hineinfallen. Ich schwenkte es gut und fischte es mit einem Handschuh heraus, spülte die Schüssel aus und wiederholte den Vorgang mit schwarzer Beize. Ich verwendete Spiritusbeizen, da sie leuchtende, lang haltende Farben ergeben, die man zu fast jedem Ton abmischen kann. Ich hätte beinahe jede Farbe wählen können, bin aber sicher, dass ein schwarzes Herz mit einer silbernen Kette ein breites Publikum ansprechen würde, wenn ich es verkaufen wollen würde.

Nachdem ich die gebeizten Herzen abgetupft und ein paar Minuten trocknen gelassen hatte, goss ich etwas Hartwachsöl in die saubere Schüssel und tauchte das Walnussherz hinein. Dies wiederholte ich nacheinander mit den anderen Herzen, tupfte sie ab und legte sie zum Trocknen auf Küchenpapier. Für eine optimale und strapazierfähige Oberfläche wiederholte ich das Ölbad bei jedem Herz viermal. Ich hatte dieses Öl für mehrere regelmäßig genutzte Werkzeuggriffe verwendet, und sie sahen immer noch gut aus, also war ich sicher, dass es auch bei einer Halskette dem täglichen Gebrauch standhalten würde.

Nachdem die vierte Schicht getrocknet war, polierte ich jeden Anhänger für etwas zusätzlichen Glanz vorsichtig mit einer leicht mit Carnaubawachs bestrichenen Polierbürste. Zu guter Letzt brachte ich die Schraubösen leicht schräg auf der Rückseite jedes Herzens an.

Ich hatte keine Ahnung, ob das Herz die richtige Größe für einen Anhänger haben würde, was aber zeigt, dass es für fast jede Größe geeignet ist, vom Kettenanhänger bis hin zur Zierspitze für eine Hohlform, wie Steve sie ursprünglich gefertigt hatte, oder etwas noch Größerem.. Mein Favorit ist das Pau-Herz. Die beiden gebeizten Herzen litten ein wenig unter einem häufigen Problem beim Beizen gedrechselter Arbeiten, nämlich dass die seitliche Maserung die Beize nicht ganz so gut aufnimmt wie die offeneren Teile, weshalb es an den breitesten Stellen der Tränen etwas hellere Bereiche gibt. Insgesamt war ich jedoch sehr zufrieden damit, wie sie sich entwickelt hatten.

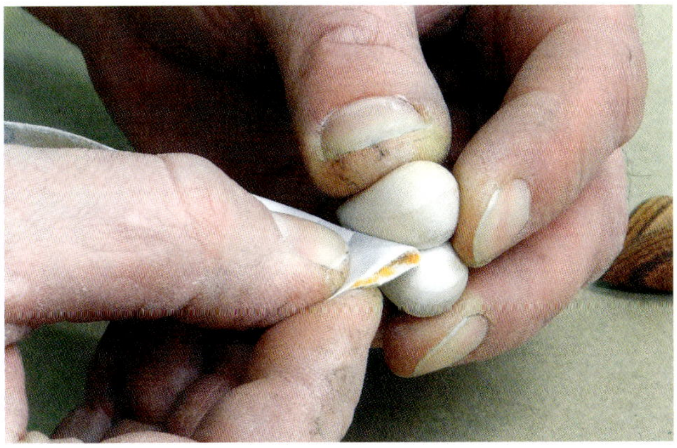

Handschliff zum Glätten der Verbindung.

Ahornherz nach Eintauchen in die rote Beize.

Walnussherz im Ölbad.

Polieren zur Verstärkung des Glanzes.

Herzanhänger aus Pau-Rosa-Holz.

Schwarz gebeizter Ahornherzanhänger.

Rot gebeizter Ahornherzanhänger.

Walnussherzanhänger.

Ringe

Die Herzanhänger-Herausforderung (siehe S. 126) hatte mich daran erinnert, dass ich vor einiger Zeit einen gedrechselten Holzring herstellen wollte. Diese Idee wurde Gegenstand dieser Aufgabe. Ich hatte schon ein paar einfache Ringe hergestellt, aber ich wollte wissen, ob es möglich wäre, eine Art gedrechselten „Stein" einzubauen, wohl am besten aus einem Holz, das einen Kontrast zum Ring selbst bildete. Es gab sicherlich einige Hindernisse zu überwinden, aber ich würde schon etwas Passendes finden.

DRECHSELN EINES RINGS

Mein letzter Ring war schon ein paar Jahre her, also wollte ich mit einem einfachen Reif anfangen, um dann von dort aus weiterzumachen. Inzwischen gibt es Bausätze, mit denen man Holz vor dem Drechseln auf einer Metallbasis befestigen kann, wobei ein spezieller Spanndorn das Ganze hält. Dies sollte jedoch ein reiner Holzring werden, ohne Spezialwerkzeug gefertigt.

Bei hölzernen Ringen ist zu beachten, dass Holz nicht so stark ist wie Metall, weshalb sie etwas dicker sein müssen als Goldringe, die unglaublich fein gearbeitet werden können. Außerdem muss das Holz mit Sorgfalt ausgewählt werden. Dichtes, eng gemasertes und makelloses Holz ist immer besser als ein weicheres, offen gemasertes Holz. Ich hatte Grenadillholz, Buchsbaum und Ebenholz vorrätig, die alle ideal sein sollten.

Ich trage kaum Schmuck und besitze nur eine Uhr und einen Ehering, die ich in der Werkstatt beide nicht trage. Ich weiß aber schöne Schmuckstücke zu schätzen und habe meiner Frau im Laufe der Jahre mehrere gekauft. Woran ich mich vom Kauf unserer Eheringe noch erinnern kann, sind die Ringgrößen. Ringe werden in Großbritannien nach Buchstaben eingeteilt, und ich erinnerte mich, dass der meiner Frau ein N und meiner ein W ist. Ein kurzer Blick auf die Ringgrößentabellen im Internet verriet mir, dass N einen Umfang von 53,8 mm und W einen von 65,3 mm hat. Der Umfang nutzt einem Drechsler allerdings recht wenig, also rechnete ich diese Werte mithilfe eines Online-Rechners in Durchmesser um, was Maße von 17,1 mm bzw. 20,75 mm ergab.

DRECHSELN EINES EINFACHEN RINGS

Ich begann mit einem einfachen Ring für meinen Finger. Ich wollte ihn eine Weile tragen und sehen, wie er dem täglichen Gebrauch standhalten würde. Ich montierte einen Längsholzrohling aus Grenadill in mein Spannfutter und richtete einen kleinen Bereich am Ende ab, den ich bearbeiten würde, da man für einen Ring nur sehr wenig Holz braucht. Ich bohrte ein Loch (18 mm) etwa 12 mm tief in die Hirnholzmaserung. Ich habe einen 18-mm-Bohrer, aber ich fürchtete, er liege etwas zu nah an der endgültigen Größe, also wählte ich einen etwas kleineren.

Die Flöte meiner 10-mm-Spindelröhre in 10-Uhr-Position, entfernte ich mit dem unteren Flügel ganz vorsichtig das Holz im Inneren des Rings und rundete die Kante leicht ab, sodass er bequem auf meinem Finger saß. Ich überprüfte den Ring immer wieder mit meinem

Bohren des Grenadillrohlings.

Verfeinern mit meiner Spindelröhre.

Regelmäßige Kontrolle mit Nonius-Messschieber.

Formen des Rings mit meinem Abstech- und Plattenstahl.

Abstechen des Rings.

Die fertige Seite des Rings.

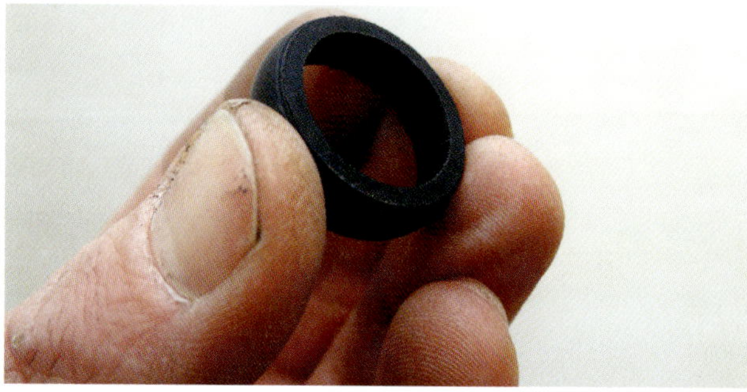

Die abgestochene Seite des Rings.

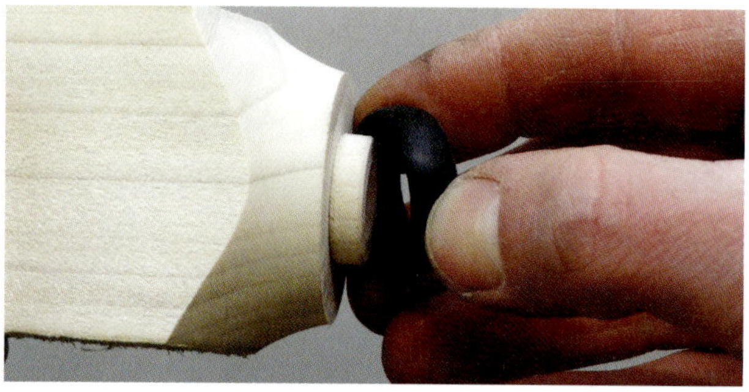

Aufsetzen des Rings auf das Klemmfutter.

Drechseln des Rings auf dem Klemmfutter.

Abnehmen des Rings vom Klemmfutter.

Nonius-Messschieber, um den richtigen Durchmesser zu erzielen. Sobald ich mit der Größe und der Haptik der Öffnung zufrieden war, schliff ich sie (Körnungen 320, 400 und 600).

Als Nächstes formte ich die Außenseite des Rings. Mit meinem Signatur-Werkzeug verringerte ich den Außendurchmesser, bis er ungefähr richtig aussah, und rundete die Außenfläche leicht auf eine Breite von ca. 7 mm ab. Dann schliff ich sie auf die gleiche Höhe wie die Innenseite. Die Außenseite und die halbe Innenseite des Rings waren nun fertig. Ich stach ihn mit meinem dünnen Abstecher vom Rohling ab und fing ihn auf, als er herunterfiel.

Wie auf den Fotos zu sehen musste eine Seite noch auf das Niveau der fertigen Seite gebracht werden. Zu diesem Zweck musste ich ein Klemmfutter anfertigen. Ich wählte ein Stück Tulpenbaumholz, ein recht weiches Laubholz, und montierte es in das Futter. Ich drechselte das freiliegende Holz herunter und formte am Ende einen kleinen Zapfen. Dieser musste lang genug sein, um den Ring zu halten, aber nicht so lang, dass er den Zugang zum Inneren behinderte, um dort abrunden und schleifen zu können, damit die eine Seite zur anderen passte. Es bedurfte einiger Versuche, aber ich hatte bald einen Zapfen, auf den ich den Ring schieben konnte, der ihn sicher hielt, mir aber auch den nötigen Zugang ermöglichte.

Nach dem Montieren benutzte ich wieder meine Röhre, um die Innenkante leicht abzurunden und zu glätten, bevor ich sie abschliff (Körnung 600). Ich löste den Ring mit meinem Cutter vom Klemmfutter. Er war zwar etwas voluminöser als mein Ehering und hätte vielleicht etwas schlanker werden können, aber er saß perfekt.

DRECHSELN EINES RINGS MIT STEIN

Ich war nun bereit, einen Damenring mit gedrechseltem Holzstein als Besatz anzufertigen. Ich würde den gleichen Prinzipien folgen wie für den einfachen Ring, musste aber einen Weg finden, oben mehr Material zum Einsetzen des Steins stehen lassen zu können. Mir schwirrte eine Idee im Kopf herum, aber ob sie funktionieren würde, konnte ich nur auf eine Art herausfinden ...

Diesmal wählte ich Buchsbaum für den Ring. Ich montierte den Längsholzrohling wie zuvor in das Spannfutter. Das Loch sollte 17,1 mm groß sein, also verwendete ich einen 16-mm-Bohrer und wie zuvor meine Spindelröhre, um den richtigen Innendurchmesser auszuarbeiten und den Rand abzurunden. Die Technik war gleich wie beim Aushöhlen eines Behälters. Wie zuvor kontrollierte ich regelmäßig den Durchmesser, damit er genau richtig wurde.

Zufrieden schliff ich mich durch die Körnungen 320 bis 600. Das Werkzeug hatte bei diesem dichten Holz ein sehr gutes Bild hinterlassen, weshalb mit dieser hohen Körnung beginnen konnte. Aufgrund der Dichte musste sie ebenso feiner geschliffen werden als üblich – ich schleife sonst kaum bis 600.

Wegen des kleineren Lochs musste ich beim Schleifen sehr vorsichtig sein. Ich bog das Schleifpapier mit der Spitze meines kleinen Fingers nach unten, um die volle Kontrolle zu behalten. Diesmal wollte ich die Außenseite des Rings nicht drechseln und ließ ihn ca. 6 mm dick. Als mir das Aussehen und vor allem die Haptik des Rings gefielen, stach ich ihn mit dem 3-mm-Abstecher ab. Buchsbaumspäne zaubern mir immer wieder ein Lächeln ins Gesicht: Selbst bei einem so einfachen Werkzeug wie dem Abstecher schweben sie in langen Bändern von der Spitze. Der Ring fiel mir in die offene Hand, als der Schnitt das Mittelloch erreichte.

Bohren des Buchsbaumrohlings.

Verfeinern des Buchsbaumrings.

Schleifen des Buchsbaumrings.

Abstechen des Buchsbaumrings.

VERSETZEN DES RINGS

Ich setzte das Tulpenbaumholzstück wieder ins Futter und passte den Zapfen wie zuvor an den Ring an. Der Buchsbaumring war viel schlanker als der Grenadillring, da er für den Finger einer Frau bestimmt war, also musste der Zapfen kürzer sein. Da Buchsbaumholz stark und dicht und Tulpenbaumholz weich ist, gab Letzteres etwas nach, was für guten Halt sorgte. So konnte ich die Innenseite versäubern und die Kante vorsichtig abrunden und abschleifen, um sie an die andere Seite anzupassen. Erneut löste ich den Ring mit dem Cutter vom Klemmfutter.

Die Innenseite des Rings war nun fertig, aber 6 mm tief, wodurch ich genug Holz zum Einpassen des Steins hatte, der Rest des Rings aber zu klobig war. Also wollte ich das Klemmfutter so versetzen, dass ich das Holz vom Rest des Rings abtragen konnte und nur dort Material stehenblieb, wo ich es brauchte. Das ginge wahrscheinlich auch mit einem mehrachsigen Spannfutter, aber das war mir viel zu aufwendig.

Das kleine Klemmfutter eignete sich perfekt, und nachdem ich die Mitte markiert hatte, was sehr wichtig war, stach ich es mit dem dünnen Abstecher ab, indem ich in den Hauptteil des Tulpenbaumholzes schnitt und den Zapfen gar nicht berührte. Nachdem ich das Werk in voller Größe mit einem Zirkel auf Papier gezeichnet hatte, war ich mir recht sicher, dass ich nur etwa 2 mm Versatz brauchte, also markierte ich 2 mm von der Mitte meiner winzigen Tulpenbaumholzscheibe, bohrte ein 3,5 mm großes Loch hindurch und fräste es an der Standbohrmaschine aus.

Mit dem Tulpenbaumrohling im Spannfutter richtete ich die freiliegende Hirnholzfaser mit einem Schnitt meines wie ein Schrägmeißel geführten Signatur-Werkzeugs ab und säuberte sie. Mit der Werkzeugspitze markierte ich die Mitte des Rohlings, um mit in den Reitstock eingespanntem Bohrer eine 2 mm große Vorbohrung vorzunehmen. Mit einer kleinen Schraube (Nr. 6) schraubte ich die kleine Scheibe wieder auf den größeren Klotz, der immer noch im Spannfutter saß. Sie saß nun 2 mm außermittig, aber da der Außendurchmesser des kleinen Klemmfutters unbearbeitet war, hielt es den Buchsbaumring immer noch genauso fest.

Mit einem Bleistift zeichnete ich die neue Form außen an den Buchsbaumring an und freute mich, dass sie so aussah, wie ich sie mir vorgestellt hatte. Mit meinem Plattenstahl entfernte ich das überschüssige Holz aus dem Ring, zuerst versuchsweise, um zu prüfen, ob alles hielt, wie es

Drechseln des Buchsbaumrings auf dem Klemmfutter.

Abstechen des Zapfens vom Klemmfutter.

Schneiden einer kleinen mittigen Markierung mit der Spitze meines Plattenstahls, um den Bohrer in die Mitte des Rohlings zu führen.

Drechseln des versetzten Rings.

Das versetzte Drechseln ist abgeschlossen.

sollte, aber mit wachsender Zuversicht, als ich mich der Bleistiftlinie näherte und das Stück bei näherer Betrachtung noch etwas verkleinerte.

WEITERE FORMGEBUNG

Ich hatte gedacht, dies würde reichen, um den zusätzlichen Platz zur Befestigung des Steins zu schaffen. Doch als ich den gedrechselten Ring in der Hand hielt, sah ich, dass ich ihn noch weiter formen musste. Ich zeichnete eine neue Kurve auf den Ring, die zeigte, wo ich noch Material entfernen musste – vor allem in den oberen drei Vierteln des Rings.

Skizze auf dem Ring, wo mehr Holz entfernt werden muss.

Meine Nummer eins für schnelles Abtragen und Formen von Holz ist meine Bandschleifmaschine, die in ihrer Halterung auch zur Polier- und Kantenschleifmaschine wird, wie bereits beim Herzanhänger (siehe S. 126) und bei den Türmen meines Schachspiels (siehe S. 52). Das runde Ende des Geräts hätte ideal für die weitere Formgebung des Rings sein sollen, doch sobald ich anfing, wurde mir klar, dass es für ein so kleines Teil zu aggressiv sein würde, also musste ich umdenken.

Ich habe einen Hope-Schleifteller für Schleifscheiben mit Klettrückseite an mein Spannfutter angepasst. Er ist, wie alle Schleifzubehörteile von Simon Hope, leicht unterdimensioniert, weshalb die Schleiffläche ein wenig über den Tellerrand hinausragt. Mit einer 240er-Schleifscheibe glich

Formgebung am Schleifteller.

ich die äußere Wölbung des Rings allmählich an und formte einen erhabenen Bereich als Fassung meines Steins. Nach vielen Anpassungen und Verfeinerungen wechselte ich zum kleineren 50-mm-Schleifteller (Körnung 600) und bearbeitete die Außenfläche des Rings erneut, um die Kanten weicher zu machen und die Kratzer der 240er-Scheibe zu entfernen. Dann schliff ich von Hand (Körnung 600) und beendete die Arbeit mit einem roten Schleifpad, das ebenfalls eine 600er-Körnung hatte, aber flexibler war und die Haptik des Rings weicher machte.

Feinarbeiten am Schleifteller.

Abschließendes Schleifen von Hand.

BOHREN DER FASSUNG

Als Nächstes musste ich herausfinden, wie ich in den Ring bohren konnte, um den Stein zu montieren. Ich wollte ein 2 mm großes Loch möglichst tief bohren, ohne den Ring innen zu durchbohren, und es dann mit einem Versenker weiten. So könnte ich den Stein mit einem kleinen Zapfen an der Basis drechseln, um für eine sichere Befestigung mit guter Klebefläche zu sorgen. Aber wie könnte ich das präzise bohren?

Nach einigem Nachdenken entschied ich mich für die Standbohrmaschine: Freihändiges Bohren wäre für so winzige Präzisionsarbeiten zu ungenau. Hätte ich einen Bohrschraubstock, wäre es sehr einfach, aber ich habe keinen, also suchte ich eine Möglichkeit, den Ring während des Bohrens aufrecht und sicher zu halten. Ich beschloss, einen rudimentären Schraubstock aus Holz und Zwingen zu bauen.

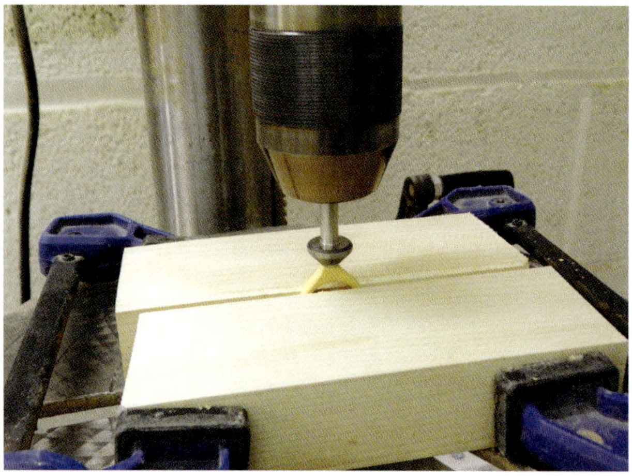

Ausfräsen des Rings in meinem behelfsmäßigen Schraubstock.

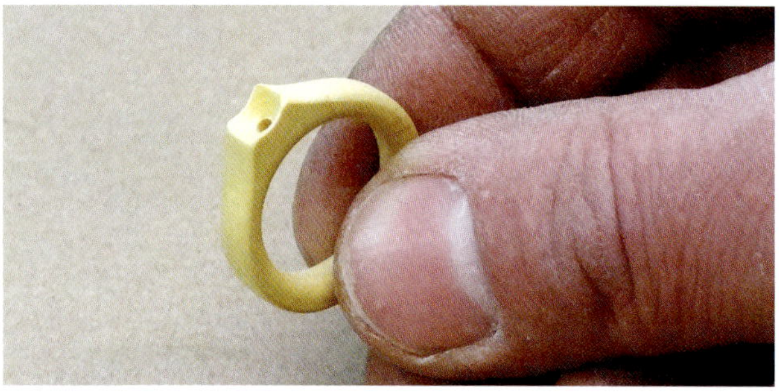

Das Ergebnis des Bohrvorgangs.

Ich hobelte ein Stück Ahorn auf meiner Dickenhobelmaschine rechtwinklig und plan und schnitt daraus zwei Stücke mit je 150 mm Länge zu. Ich bearbeitete die beiden Vorderkanten mit einem Handhobel, um scharfe Kanten, die sich in den Ring bohren könnten, zu entfernen. Mit zwei Schnellspannern flach auf dem Tisch der Standbohrmaschine konnte ich den Ring zwischen die beiden Ahornstücke klemmen und mit den Spannern allmählich Druck ausüben, während ich die Position des Rings adjustierte.

Oben am Ring war eine kleine ebene, quadratische Fläche, die ich mit Linien von Ecke zu Ecke versah, um die Mitte zu finden. Dann bohrte ich mit einem 2-mm-Bohrer so tief, wie ich mich traute, tauschte den Bohrer gegen den Versenker und wiederholte den Vorgang. Manchmal rattern Versenker und verursachen ein ziemliches Durcheinander, aber meinen sicher gehaltenen Buchsbaum schnitt er reibungslos und ich freute mich, dass er die vier Ecken zu Krappen formte, genau wie bei einem echten Diamantring.

Nachdem ich dies einmal gemacht hatte, stellte ich fest, dass die Krappen etwas zu hoch auf dem Ring saßen, also entfernte ich etwas mehr Holz mit der Schleifscheibe an der Drehmaschine (nun oben) und wiederholte das Ausfräsen. Diesmal war es genau richtig. Ich bereinigte die Vertiefungen zwischen den Krappen durch etwas Schleifen (Körnung 600). Nun konnte ich den Stein drechseln.

DRECHSELN DES HÖLZERNEN STEINS

Ich entschied mich, für den hölzernen Stein Ebenholz zu verwenden, da ich einige vorgeschnittene 10-mm-Quadratstäbchen hatte, die ich als Stiele für gedrehte Äpfel verwende. Fast jedes Holz oder alternative Material wäre hier möglich: Auch rotes Holz wie Padauk oder Amaranth wäre umwerfend.

Ich war mir unsicher, wie groß der Stein genau sein sollte, also begann ich ganz klein. Ich hielt das Ebenholz in Industriebacken im Futter; ich fühlte mich damit sicher, musste aber auf die Backen aufpassen, da es schmerzhaft ist, wenn sie einen erwischen. Alle kleinen Backen wären für das Halten des 10-mm-Vierkanters geeignet – Sie können auch größeres Material verwenden und herunterdrechseln, wenn Sie es so besser halten können.

Ich nahm die kleine Spindelröhre (6 mm), um einen Ellipsoid zu drehen, dann schmalen Abstecher und Nonius-Messschieber zum Messen und Abstechen des Zapfens. Kaum hatte ich den Stein in den Ring gesetzt, da sah ich, dass er zu klein war, also versuchte ich es erneut, diesmal etwas größer. Ich drehte vier Steine in

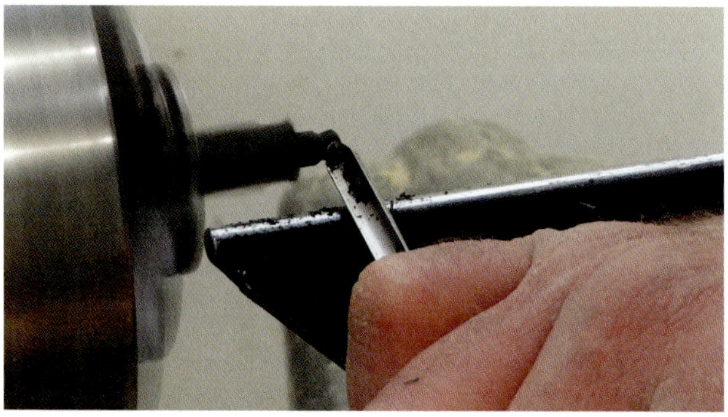

Drechseln des Ebenholzsteins.

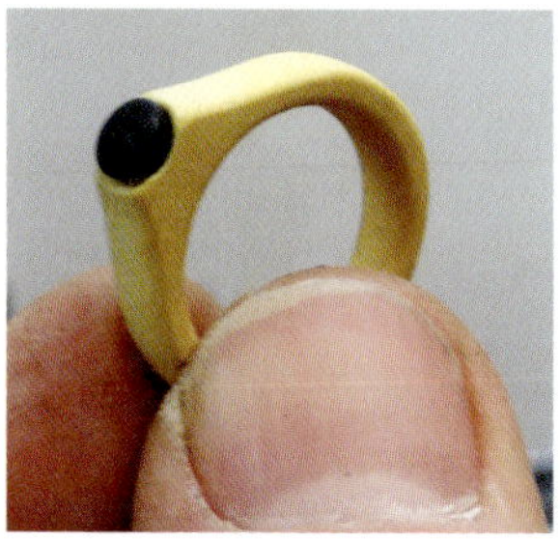

Der erste Stein war zu klein.

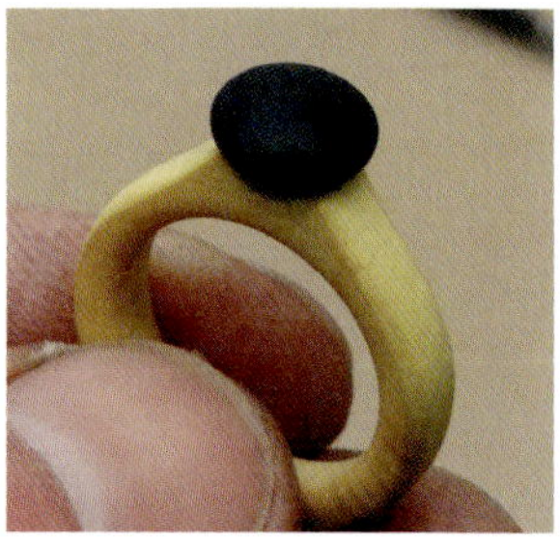

Der eingeklebte Stein.

Einölen des Rings.

Auf Hochglanz polieren.

zunehmenden Größen, bis ich schließlich mit einem zufrieden war.

Die Unterseite musste die gleiche Form wie das versenkte Loch bekommen, damit er gut in die Krappen passte. Der endgültige Ebenholzstein saß mit einem Durchmesser von 9 mm auf dem ca. 6 mm breiten Ring. Mit einem kleinen Pinsel strich ich etwas Leim in die Fassung und das gebohrte Loch und drückte den Ebenholzstein fest.

FERTIGSTELLUNG

Wie üblich bei so kleinen, schwer zu haltenden Werkstücken ölte ich die Ringe mit Hartwachsöl. Ich trug über einige Tage hinweg vier Schichten auf, um die strapazierfähige Oberfläche zu erreichen, die sich bei regelmäßigem Tragen bewährt hat. Für zusätzlichen Glanz bearbeitete ich sie vorsichtig mit einer weichen, leicht mit Carnaubawachs getränkten Polierbürste. Ich war mit der Passform und dem hohen Tragekomfort der Ringe hochzufrieden. Sie sind auch sehr stabil und haben keine Anzeichen gezeigt, dass sie entlang der Maserung brechen könnten, was bei kleinen Holzteilen immer die größte Sorge ist.

Obwohl es etwas Besonderes ist, etwas herzustellen, das ein geliebter Mensch tragen kann, wirkt der Ring mit dem Steinbesatz auf mich ein wenig wie Spielzeug. Ich hielt das leicht goldfarbene Buchsbaumholz für eine gute Wahl, aber vielleicht sähe ein dunkler Ring mit einem hellen oder farbigen Stein besser aus? Oder sind Edelmetallringe doch einfach besser? Wie auch immer, ich hatte sehr viel Spaß bei der Fertigung und hoffe, dass es Ihnen ebenso gehen wird.

Die fertigen Ringe.

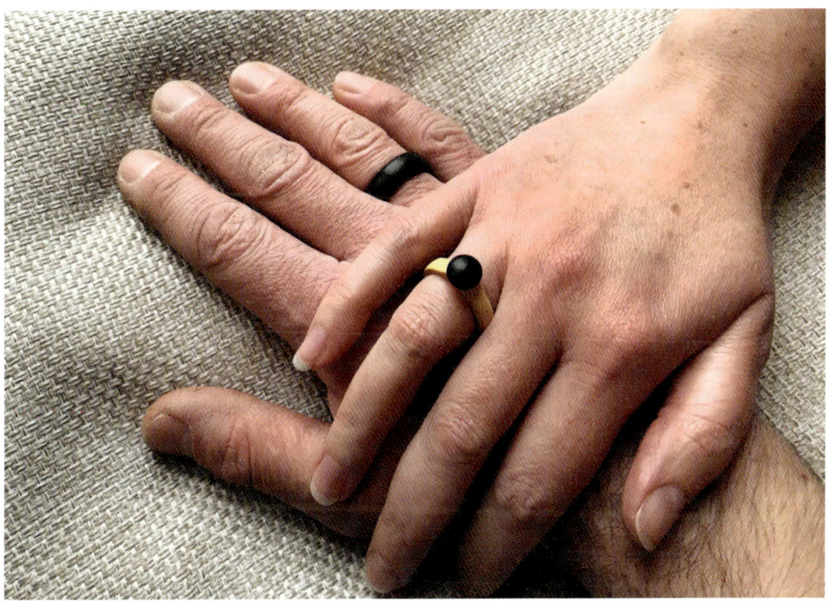
Die Ringe passten gut und waren angenehm zu tragen.

Keltischer Knoten als Einlage

Wie bei vielen Herausforderungen wollte ich auch den keltischen Knoten immer schon in eine Drechselarbeit einfließen lassen und freute mich darauf, diese Technik zu probieren. Der Knoten ist hier eine Art optische Täuschung oder visueller Trick, indem dünne Holzstücke in einem kreuz und quer verlaufenden Muster in einen Holzquader eingelegt und dann gedrechselt werden. Was im Quader wie ein einfaches Kreuz aussieht, wird nach dem Drechseln zu einem fließenden, ineinandergreifenden Knotenmuster.

RECHERCHE

Obwohl ich mir ziemlich sicher über den Prozess war, suchte ich online noch einmal Informationen über das Drechseln keltischer Knoten. Es gibt viele YouTube-Videos, in denen vor allem Stiftdrechsler dieses Muster zeigen. Im Grunde funktionierte es so, wie ich gedacht hatte: Das Wichtigste ist, eine Nut in das Holz zu schneiden, anstatt es ganz durchzuschneiden, und diese mit einer Intarsie zu füllen. So entstehen keine Ausrichtungsprobleme. Der nicht durchgeschnittene Bereich wird entfernt, um das Muster zum Vorschein zu bringen.

Nun musste ich mich für ein Projekt entscheiden. In den meisten Online-Videos ging es um Stifte, aber ehrlich gesagt hasse ich es, Stifte zu drechseln, also musste etwas anderes her. Vor Kurzem war der Griff meines Plattenstahls gebrochen. Ich hatte das Werkzeug zwar ersetzt, da ich es so oft brauche, aber ich hatte das alte noch, also sollte dies mein Projekt werden: ein einfacher Werkzeuggriff verziert mit einem keltischen Knotenmuster.

DIE GEHRUNGSSÄGE

Mir fiel auf, dass die meisten Videos aus den USA stammten und die Drechsler alle (Tisch-)Kreissägen zum Ausschneiden der Nut verwendeten. Das Problem dabei ist, dass in den USA nur selten Sägeschutzvorrichtungen verwendet werden, während sie hier als bewährte Praxis gelten und für gewerbliche und industrielle Zwecke sogar gesetzlich vorgeschrieben sind.

Ich musste die Nuten für die Einlagen auf andere Weise schneiden. Ich sinnierte über eine aufwendige Halterung, mit der ich sicher sägen könnte, aber es musste einen einfacheren Weg geben! Mir fiel ein, dass meine Gehrungssäge einen Tiefenanschlag hat und damit dieselbe Aufgabe (und die britischen Sicherheitsauflagen) erfüllen würde. Ich hatte diese Funktion noch nie genutzt, aber ein paar Versuche später war ich überzeugt, dass sie perfekt funktionieren würde.

Ich legte ein Stück MDF-Platte (3 mm) auf den Sägetisch und senkte das Sägeblatt ab, wobei ich den einfachen Anschlag an der hinteren rechten Seite der Maschine einstellte. Online verwendeten die meisten Drechsler 45°-Schnitte, einer arbeitete mit 35°; ich konnte mich nicht entscheiden, was mir besser gefiel, also stellte ich die Säge auf 40° ein. Außerdem richtete ich einen Anschlagblock so aus, dass meine Schnitte alle an der gleichen Stelle entlang der Spindel lagen. Ich

Der Tiefenanschlag an meiner Gehrungssäge.

Die Stelle für das keltische Knotenmuster.

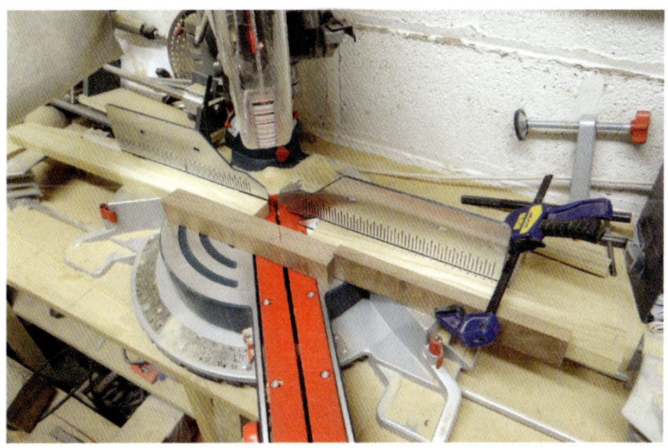
Der Aufbau der Gehrungssäge.

Sägen der ersten Nut auf der Gehrungssäge.

hätte das Muster an jeder beliebigen Stelle entlang des Werkzeuggriffs anbringen können, entschied mich aber für die Wölbung Richtung Griffende.

Ich führte einen Probeschnitt an einem Holzstück in ungefähr der richtigen Größe aus und erkannte sofort ein Problem: Da das Sägeblatt nicht die volle Tiefe erreichte, schnitt die Säge nicht vollständig durch, wodurch vorn die erforderlichen 3 mm, hinten aber ca. 18 mm Holz stehen blieben. Ich musste das Werkstück weiter nach vorn bringen, weg vom Anschlag, um den Schnitt vollständig ausführen zu können. Ich baute einen rudimentären falschen Anschlag aus Holzleisten zur Unterstützung des Werkstücks, damit die Säge so schneiden konnte, wie ich es brauchte. Nun blieb am unteren Ende des Schnitts ein gleichmäßiger 3-mm-Streifen stehen.

HOLZWAHL

Am besten kommt ein solches Detail durch stark kontrastierende Holzarten zur Geltung. Walnuss mit Ahorn ist eine meiner Lieblingskombinationen und immer ein Gewinn. Ich hatte perfekt passende Stücke aus beiden Hölzern da und entschied mich für Walnuss als Griff und Ahorn als Detail.

Meine nächste Entscheidung war die Maserungsrichtung der Einlage. Es gab zwei Möglichkeiten: quer gemasert wie eine Schale oder längs gemasert wie eine Spindel. Ich könnte beides fertigen, aber was wäre langfristig am besten? Der Walnussgriff war offensichtlich spindelförmig, also sollte die Einlegearbeit ebenso verlaufen. Wenn sich das Holz mit der Zeit bewegt, bewegt sich eine quer gemaserte Einlage anders als eine längs gemaserte. Bestenfalls ragt sie nur aus dem Griff heraus, schlimmstenfalls schadet sie der Verbindung. Der Nachteil einer Längsholzeinlage wäre, dass ich es mit Hirnholzverbindungen zu tun bekäme, die schwächer sind als quer gemaserte Verbindungen. Durch die 40°-Schnitte träfe allerdings nicht Hirnholz auf Hirnholz, weshalb dies kein Problem sein sollte. Ein weiterer Nachteil quer gemaserten Holzes wäre, dass es beim Drehen ausbrechen könnte, was bei Längsholz nicht der Fall wäre.

Es gab eindeutig Vor- und Nachteile bei jeder Option. Anhand der Fakten steuerte ich darauf zu, das Ganze längs gemasert zu fertigen. Ich würde keine Gewissheit haben, bis ich fertig und mir der Griff ein paar Mal heruntergefallen wäre, aber ich dachte (oder hoffte), die richtige Entscheidung getroffen zu haben.

Intarsienschnitt an der Säge.

Nicht ganz durchgesägt.

Testweises Einsetzen der Einlagen.

ANFERTIGEN DER EINLAGE

Nach Festlegung der Maserungsrichtung musste ich nun die längs gemaserte Ahorneinlage zuschneiden. Mein Sägeblatt erzeugt einen 2,4 mm breiten Schlitz; ich prüfte die Passform der Einlage mit einem Probeschnitt.

Ich richtete meine Tischkreissäge zum Ablängen des Ahornrohlings ein, der mit ca. 50 x 50 mm größer als der 40 mm starke Griffrohling war. Ich ließ ihn absichtlich überdimensioniert, um mir das Schneiden der sehr dünnen Einlagestreifen zu erleichtern. Nach Einstellen des Anschlags setzte ich einen ersten Schnitt, stoppte aber, bevor ich ganz durchgeschnitten hatte, um die Einlagen nicht aus dem Inneren der Säge holen zu müssen. Sie ließen sich leicht mit den Fingern abknicken und die kleine Ecke lösen, ohne die Einlage zu beschädigen. Mein Plan funktionierte perfekt. Ich nahm ein paar winzige Anpassungen an meinem Anschlag vor, um die Stärke der Einlagen genau so auszuarbeiten, dass sie mit etwas Reibung in die Nut rutschten, ohne Lücken zu hinterlassen, und schnitt die vier benötigten Stücke mit einem fein gezahnten Sägeblatt zu.

SICHERHEIT AN DER SÄGE

Beim Kappen mit der Tischkreissäge ist es äußerst wichtig, dass der Anschlag weit vom Sägeblatt entfernt ist, damit nichts zwischen Blatt und Anschlag

Zurücksetzen des Anschlags weg von dem Sägeblatt.

Nutzen Sie einen Klotz am Anschlag, wenn dieser sich nicht einstellen lässt.

eingeklemmt werden kann. Wenn Ihr Anschlag nicht verstell- und verschiebbar ist, hilft ein mit einer Klemme am Anschlag angebrachter Holzklotz dabei, Platz für sichere Kappschnitte zu schaffen.

VERLEIMEN DER EINLAGEN

Nachdem ich meine Gehrungssäge eingerichtet hatte, setzte ich den ersten Schnitt. Ich prüfte eine der Einlagen auf ihre Passform und sie saß genau richtig, also verteilte ich etwas weißen D3-Holzleim in der Nut und auf der Einlage und drückte sie mit den Fingern fest. Die Verbindung sah gut aus, aber für mehr Druck von einem Ende bis zum anderen brachte ich noch eine Verleimzwinge an – frei nach dem Motto: „Hilft's nicht, schadet's doch nicht."

Ich ließ die erste Einlage einige Stunden trocknen, bevor ich zur zweiten überging. Ich schnitt überstehende Einlagenteile mit der Bandsäge ab und wechselte dann wieder zur Gehrungssäge. Nachdem ich die Flächen nummeriert hatte, schnitt ich sie in der richtigen Reihenfolge zu. Ich versah den ersten Schnitt mit 1, drehte den Klotz einmal, nummerierte ihn mit 2 und wiederholte dies an allen vier Seiten. Den Schnitt führte ich an Seite 2 aus, verleimte wieder die Einlage und brachte mit der Zwinge Druck auf das Werkstück. Beim Verleimen gewinnt man nichts durch Eile, weshalb ich die vier Einlagen im Laufe von zwei Tagen einklebte und sie über Nacht aushärten ließ, bevor ich einen Drechselversuch unternahm.

Bei Betrachtung des fertigen Rohlings, der auf jeder Seite den Buchstaben Z zu zeigen schien, konnte ich mir kaum vorstellen, dass am Ende verschlungene Ringe herauskommen würden, aber ich musste auf den Prozess vertrauen und weitermachen.

VERBESSERN DER EINLAGEN

Manchmal bin ich mit einer Sache schon halb fertig oder sogar noch weiter, und plötzlich fällt mir wie Schuppen von den Augen, was ich hätte besser machen können – und genau das passierte mir hier. Ich hatte lange um meine Entscheidung über die Maserungsrichtung der Einlagen gerungen, und über meiner Wahl schwebte immer noch ein Fragezeichen, aber als ich nach dem Verleimen abends nach Hause ging, ging mir auf, wie es richtig gewesen wäre. Meine Methode war schlüssig, aber anstatt die dünnen Einlagen quer zum Holz zu schneiden, hätte ich den Anschlag meiner Säge genauso auf 40° einstellen sollen wie für die Einschnitte im Griff. So wäre die Maserung besser ausgerichtet und das Problem mit dem Hirnholz umschifft, da alles in einem

Einpassen der Einlagen.

Kürzen überstehender Einlagen auf der Bandsäge.

Der fertige Rohling bereit zum Drechseln.

40°-Winkel zur Maserung stünde, was zu stärkeren Verbindungen führen würde. Da der Griff nun verleimt war, musste ich weitermachen, aber in Zukunft würde ich die Einlagen im gleichen Winkel wie die Nuten schneiden. Das erschien mir jetzt so offensichtlich, und ich ärgerte mich, dass ich nicht früher daran gedacht hatte, aber so ist das eben, wenn man eine Technik zum ersten Mal ausprobiert.

Bohren in den Rohling des Griffs.

DRECHSELN DES GRIFFS

Die meisten Drechsler fertigen am Beginn ihrer Karriere einen Werkzeuggriff. Ich folgte diesmal meinem üblichen Prozedere: Der erste Schritt war das Bohren eines Lochs für das Werkzeug. Da mein Plattenstahl quadratisch ist, sollte das Loch ungefähr zwischen seiner Kantenlänge (9,5 mm) und seinem diagonalen Durchmesser (13,5 mm) liegen. Ich montierte einen 11-mm-Bohrer in die Industriebacken im Spannfutter, richtete den Griff mit dem Reitstock aus und drehte ihn bis zur gewünschten Tiefe hinein. Dann spannte ich den Griff zwischen Spitzen, mit der 60°-Körnerspitze in dem gebohrten Loch.

In meiner Werkstatt hatte ich ein Edelstahlrohr (22 mm), das ich schon für Zwingen verwendet hatte, und so sägte ich davon etwa 18 mm für meinen Griff ab. Ich glättete die Enden an meiner Schleifscheibe und entfernte mit einer Feile alle inneren Grate.
Am Griffende drechselte ich einen Stift und passte die Zwinge an. Sie saß fest, aber ich gab ein wenig Epoxid hinzu, um sicherzugehen, dass sie an ihrem Platz blieb. Traditionell fixiert eine seitliche Punzierung die Zwinge, aber mit Epoxid wird es ordentlicher. Dann konnte ich den Griff drechseln, wobei ich mich an den Maßen eines Plattenstahlgriffs ab Werk orientierte.

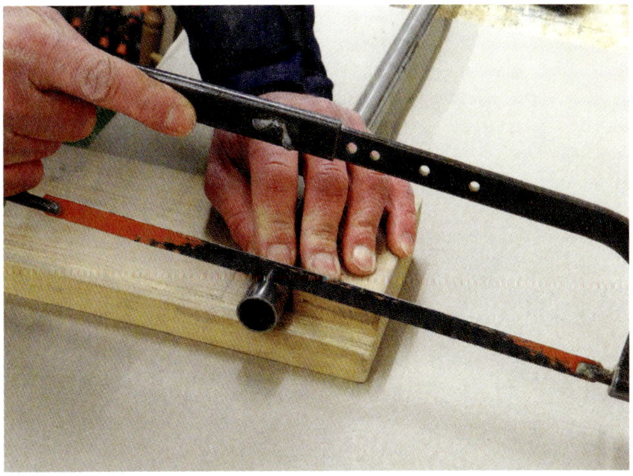

Zuschnitt des Edelstahlrohrs für die Zwinge.

Bohrergröße: zwischen Kantenlänge und Diagonale des Plattenstahls.

Drechseln des Griffs.

Der Keltische Knoten zeigt sich.

Sorgfältige Hobelschnitte hinterlassen eine glatte Oberfläche.

Die Einlagen waren aus langfaserigem Holz gesägt, um das Absplittern zu minimieren, aber durch den 40°-Winkel zur Spindel splitterte es trotzdem ein wenig. Ich musste sehr vorsichtig und langsam hobeln, um einen sauberen, spanfreien Schnitt zu erzielen. Als ich mit der Form zufrieden war, schliff ich das Holz (Körnung 320) und die Metallzwinge (Körnungen 600, 800 und 1200) für ein glattes, sauberes Aussehen.

EIN GEBROCHENER GRIFF

Nach dem Abstechen und vor dem Ölen musste ich den Griff am Werkzeug anbringen. Jeder, das schon einmal gemacht hat, weiß, dass der Sitz recht eng ist und man ziemlich fest schlagen muss, bis der Griff auf dem Werkzeugstahl sitzt. Ich legte ein Stück Buche auf die Werkbank und trieb den Griff mit dem Hammer auf den Stahl.

Ich war sehr zufrieden damit, wie solide er sich anfühlte, und die Sorge um die Stabilität der Hirnholzverleimung war fast vergessen. Der Werkzeugstahl passte gut in den Griff, und alles sah großartig aus. Also schliff ich das Griffende dort, wo ich es mit dem Hammer getroffen hatte. Doch dann geschah das Unglück! Kaum begann ich mit dem Schleifen von Hand, spürte ich, wie die Verbindung in meiner Hand nachgab. Die Leimfuge hatte versagt.

Den Griff auf das Werkzeug treiben.

Die gebrochene Verbindung.

Zuschnitt neuer Einlagen, diesmal im 40°-Winkel.

Trocknen in der Verleimzwinge.

Drechseln des neuen Griffs.

Einpassen des Stahls in den Griff mit einer Schnellspannklemme.

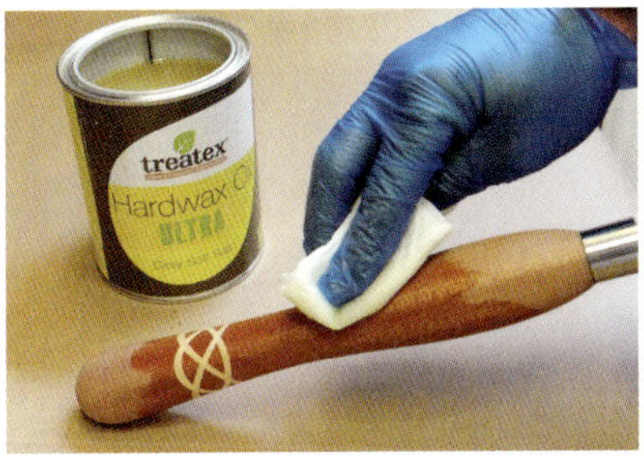

Ölen des Griffs.

Schärfen des Werkzeugs – bereit zum Einsatz!

Kurz dachte ich daran, nachzuleimen, wusste aber, dass das aussichtslos war. Ich bewunderte die Klarheit der gebrochenen Verbindung. Sie war wunderschön, aber leider ein Fehlschlag. Ich musste wohl von vorn anfangen. Gerade hatte ich meinen letzten Walnussrest verwendet, also wählte ich als Ersatz ein Stück Sapeli, passend zu meinen Ahorneinlagen. Ich wiederholte die Arbeit fast wie zuvor, nur dass ich die Einlagen im gleichen 40°-Winkel schnitt wie die Nut und auf die Ausrichtung der Maserung achtete, was das Drechseln erleichtern und das Werk stabiler machen würde.

DER ZWEITE GRIFF

Wie zuvor schnitt ich die Nuten mit meiner Gehrungssäge, die Ahorneinlagen an der Tischkreissäge – diesmal im 40°-Winkel. Für eine möglichst saubere Oberfläche befestigte ich das Holz bei jedem Schnitt mit einer Schnellspannklemme.

Nachdem ich alle vier Einlagen in den Rohling gesetzt hatte, konnte ich ihn wieder zu einem Griff drechseln. Ich bohrte das Loch für den Werkzeugstahl; diesmal mit einem 12-mm-Bohrer, um den Griff nicht so fest auf den Stahl treiben zu müssen. Ich setzte die Zwinge ein und drechselte den Griff in Form. Diesmal brach viel weniger aus, da die Maserung der Einlagen in dieselbe Richtung verlief wie im restlichen Griff. Ich genoss es, zu beobachten, wie das keltische Knotenmuster beim Drechseln des Griffs zum Vorschein kam.

Nach dem Drechseln und Schleifen konnte ich meinen zweiten Griff an den Werkzeugstahl anpassen. Diesmal trieb ich den Griff nicht mit dem Hammer auf den Stahl, sondern schob die beiden Teile mit einer Schraubzwinge zusammen, wodurch der Schlag auf die Leimfuge ausblieb. Diese Methode minderte auch den Abdruck am Griffende, der sich leicht mit der Hand schleifen ließ. Nach vier Schichten meines liebsten Hartwachsöls, einer sanften Politur mit meiner Polierbürste und einem Schliff auf meiner Schleifmaschine war das Werkzeug einsatzbereit.

Dies war ein sehr unterhaltsames Projekt. Der keltische Knoten kann für jede Art von Längsdrechselarbeit eingesetzt werden. Es ist zweifelsohne ein sehr effektiver Weg, einen sonst eher schlichten, zweckmäßigen Werkzeuggriff interessant zu gestalten. Verschiedene Holzkombinationen, geschichtete Furniere oder gar alternative Materialien als Einlagen könnten eine wirklich dramatische Gestaltung ergeben.

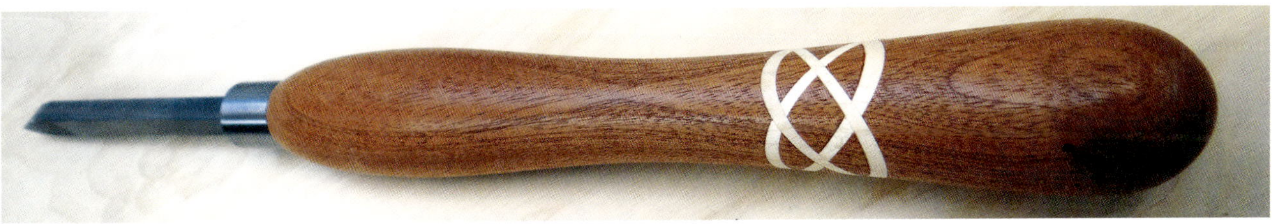

Das fertige Werkzeug mit dem keltischen Knoten im Griff.

Globus

Die Idee zu dieser Herausforderung kam mir nach Fertigung einiger Kisten für eine Kundin, die Porzellangloben herstellt; ich wollte meinen eigenen Globus aus Holz! Zuerst erschien mir das simpel, aber es gab einige Aspekte, die mich vielfältig auf die Probe stellen würden: Erst müsste ich eine Kugel drechseln, was einfach war. Ich müsste dann eine Landkarte aufzeichnen und die Landmassen mittels Pyrografie einbrennen. Globen sind meist recht groß, doch die Porzellanexemplare meiner Kundin sind „Taschengloben" mit nur 75 mm Durchmesser. Das gefiel mir. Ich wollte meinen Globus aber auf einen Ständer stellen, statt ihn in eine Kiste zu legen. Also müsste ich auch diesen anfertigen und eruieren, wie man den Globus montiert.

RECHERCHE

Meine erste Anlaufstelle war Loraine, meine Kundin, die sowohl Keramikerin als auch Kartografin ist. Nachdem sie mir dankenswerterweise einige Tipps für meinen Globus gegeben hatte, suchte ich im Internet nach Kartenmaterial als Basis. Loraine hatte gesagt, es würde leichter sein, mit einem Globus als mit einer Karte zu arbeiten, aber das Internet steckt voller freier, druckbarer Karten – und ich besitze keinen Globus. Mit einer Reihe von Karten bewaffnet ging ich ans Werk.

DRECHSELN DER KUGEL

In meinem Holzstapel fand ich ein Buchenholzbrett (75 mm), das ich ideal fand. Buche ist recht dezent gemasert und lenkt nicht von den Globusmarkierungen ab, ist aber auch widerstandsfähig und stark genug für den hier vorgesehenen Verwendungszweck. Ich hatte keine Größe für das Holz festgelegt, also begann ich mit 75 mm Dicke, um zu sehen, wie es sich machen würde.

Vor dem Drechseln markierte ich die Mittelpunkte des Rohlings und bohrte an jedem Ende ein 2 mm großes Loch vor. Wenn alles nach Plan verlief, würden sie eine Hilfe beim Anzeichnen und Einsetzen in den Globusständer sein. Dann drechselte ich die Kugel freihändig zwischen Spitzen, wobei ich mich nach Augenmaß einer perfekten Kugel annäherte und an beiden Enden kleine Stifte stehen ließ, die abgeschnitten werden würden. Wenn Sie nicht sicher sind, ob Sie eine exakte Kugel anfertigen können, sind MDF-Schablonen eine Hilfe. Allerdings ergibt meine Methode am Ende immer eine genaue Kugel.

Ich benutze schon seit Jahren Holzbecher zum Aufspannen von Kugeln, aber vor Kurzem sah ich einen Vortrag meiner Freundin und Berufsdrechslerkollegin Emma Cook (auch bekannt als „The Tiny Turner“). Sie drechselte eine Hybridkugel und versah ihre Holzbecher mit Gummidichtungen, die Abdrücke auf der Kugel verhindern und eine präzisere Auflage bieten als meine Holzbecher, wodurch die Kugel runder läuft.

Ich fertigte ein Paar Holzbecher mit Gummidichtungen (25 mm, die größten in meinem Satz) an. Zuerst war ich unsicher, ob sie groß genug wären, aber sie erwiesen sich als perfekt. Ich klebte die Gummis mit Superkleber in die Schalen ein und setzte sie nach dem Trocknen (einige Minuten später) probeweise in die Drehmaschine: Eine steckte ich in mein Spannfutter, die andere erhielt ein Gewinde, um sie auf die Körnerspitze zu schrauben. Man könnte sie auch über die Körnerspitze schieben, wenn man eine Standardkörnerspitze hat.

Drechseln der Buchenholzkugel.

Aufspannen zwischen mit Gummidichtungen versehenen Holzbechern.

Wegdrechseln der Hirnholzspitzen.

Schleifen der Kugel.

Die fertige Kugel.

Nachdem ich die ursprünglichen Stifte an der Kugel abgeschnitten hatte, montierte ich sie mit senkrechter Maserung zwischen meinen neuen Bechern und drechselte die Stifte und alle Unebenheiten mit dem Flügel meiner Spindelröhre weg, wobei ich in Maserungsrichtung bis zum höchsten Punkt der Kugel arbeitete.

Beim Drechseln von Kugeln sollte die Maserung entweder parallel zum Bankbett laufen, wie bei einer Spindel (so wie am Anfang), oder quer dazu, wie bei einer Schale (wie meine zweite Montageposition). Als ich mit der Kugel zufrieden war, schliff ich sie. Dabei drehte ich sie häufig zwischen den Schalen und achtete weniger auf die Faserrichtung, sondern stellte nur sicher, dass die gesamte Oberfläche gleichmäßig mit Körnung 320 geschliffen war.

ANZEICHNEN

Mit einer perfekten Buchenholzkugel in Händen konnte ich mit dem Anzeichnen beginnen. Mir wurde gesagt, der Schlüssel zum Erfolg liege darin, zuerst die Breiten- und Längengrade genau abzustecken. Ich spannte die Kugel an den eingangs gebohrten 2-mm-Löchern zwischen Spitzen, gerade fest genug, um die Kugel zu halten, ohne Abdrücke zu hinterlassen. Die Vorbohrungen waren die Pole, nun konnte ich den Äquator markieren.

Loraine hatte mir geraten, den Globus in zwölf Längengrade von Pol zu Pol über den Äquator und in zehn Breitengrade inklusive Äquator, die rund um den Globus verlaufen, einzuteilen. Diese Linien könnten sicherlich mathematisch berechnet werden (bestimmt mit π), aber ich ziehe einen praktischeren Zugang zur Mathematik vor, insbesondere weil ich mit unperfektem Material arbeite und derjenige bin, der es verarbeitet – einige Variablen, die es zu beachten gilt!

Ich schnitt ein Stück Malerkrepp ab und führte es um den Äquator herum. Dabei markierte ich nach einer vollen Umwicklung Start- und Endpunkt auf dem Band. Dann entfernte ich das Kreppband, legte es flach vor mich hin und maß den Abstand zwischen den beiden Punkten (220 mm). Geteilt durch 12 ergab dies etwa 18 mm. Ich stellte meinen Zirkel ungefähr auf diesen Wert ein und führte ihn entlang der Linie zwischen den beiden Markierungen, wobei ich ihn ein paar Mal mit einem Klopfen auf die Werkbankkante justierte, bevor ich die Markierung perfekt traf. Dann wickelte ich das Band wieder um den Äquator und übertrug diese zwölf Markierungen mit leichtem Druck meiner Ahle durch das Band hindurch auf das Holz.

Ich spannte den Globus wieder zwischen die Becher und richtete die Pole sorgfältig vertikal aus, um eine Linie zwischen ihnen zu ziehen, die meinen Äquator kreuzte, den Nullmeridian (das ist die Linie, die von den Polen durch Greenwich in London verläuft und uns die GMT oder Greenwich Mean Time beschert). Für die perfekte Ausrichtung brauchte es eine kleine Anpassung, aber dann drehte ich von Hand, legte einen Bleistift auf meine Werkzeugauflage und zeichnete eine Linie um den Globus.

An dieser Linie wiederholte ich meinen Kreppbandtrick, indem ich es um den Nullmeridian wickelte und die Pole markierte. Ich legte es auf die Werkbank, maß die Punkte und stellte fest, dass die Strecke diesmal etwas

Nur von Mitnehmer und Körnerspitze in den Vorbohrungen gehalten.

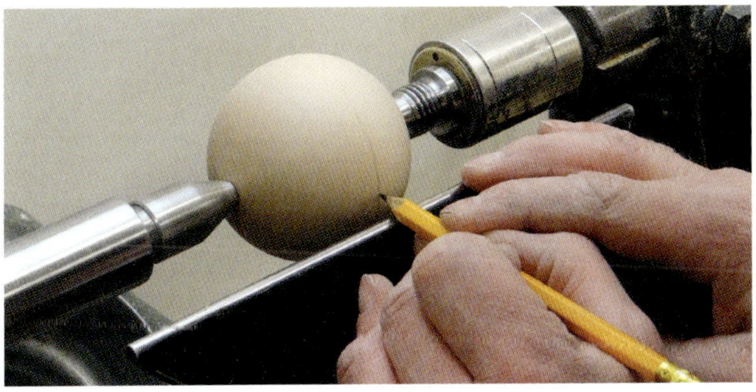

Markieren des Äquators.

Markieren des Nullmeridians.

Genaue Markierung der Linien mittels Malerkrepp.

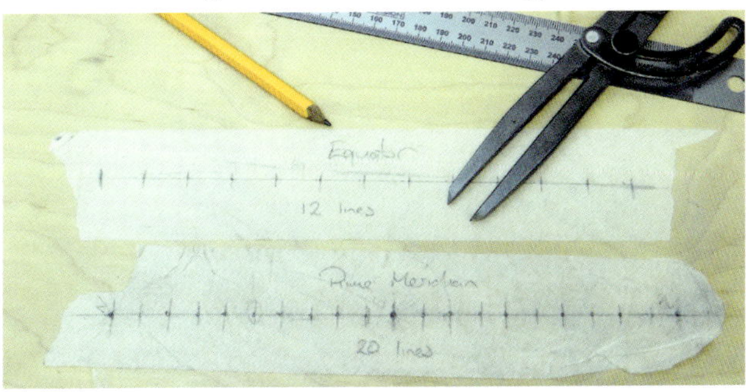

Kreppband und Werkzeuge zum Markieren der Linien.

länger war als beim letzten Mal, was zweifellos daran lag, dass die Hirnholzmaserung dem Schleifen mehr Widerstand entgegenbrachte als die seitliche Maserung, sodass diese Messung etwas länger ausfiel.

Ich musste meinen Globus in Breitengrade unterteilen. Es gibt zehn Linien einschließlich der Pole, und das Band lief rund um den Globus, also musste ich die 220 mm durch 20 teilen, am Nordpol beginnen, vorbei am Südpol an Markierung Nr. 10 und zurück am Nordpol an der Markierung Nr. 20. Ich legte die 20 Punkte mit der bewährten Teilungsmethode fest, wickelte das Band wieder um die Meridianlinie und markierte erneut mit meiner Ahle.

DIE ERSTE BRANDMALEREI

Ich hätte diese Linien mit Bleistift zeichnen und später wieder entfernen können, aber sie stehen auf den meisten Karten und Globen, also wollte ich gleichziehen und wählte einen scharfen, feinen Brennstift (HD1S) mit Skalpellspitze für diese Linien.

Meine Brandmalereikenntnisse sind bestenfalls lückenhaft, aber hier musste ich unter Zuhilfenahme von Drehmaschine und Werkzeugauflage nur sehr feine Linien brennen. Ich zog jede Linie sorgfältig und führte erst einen Bleistift herum, um die Ausrichtung zu überprüfen, bevor ich den Brennstift auf das Werkstück setzte und von Hand drehte. Dieser Teil verlief gut, und ich war mit den feinen Linien rund um den Globus zufrieden.

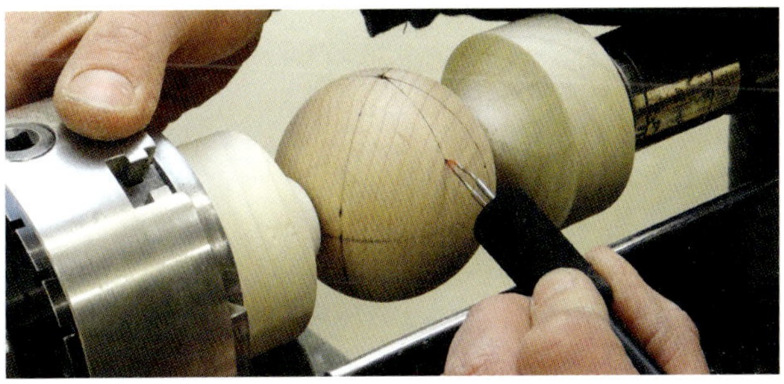

Einbrennen der Linien in den Globus.

Bereit zum Einbrennen der Landmassen.

Anzeichnen auf dem Globus.

Einbrennen der Landmassen.

ANZEICHNEN DER LÄNDER

Nun musste ich einige der Landmassen anzeichnen. Ich hatte mir mehrere kostenlose Karten mit den Längen- und Breitengraden, die ich brauchte, aus dem Internet ausgedruckt. Ich hatte sogar Karten gefunden, die auf die USA und Australien ausgerichtet waren, was auf mich sehr seltsam wirkte, da ich an die Karte mit Großbritannien auf dem Nullmeridian gewöhnt war.

Ich begann mit Großbritannien, aber bald wurde mir klar, dass dies ein zu kleiner Ausschnitt für den Beginn war. Ich musste mit etwas viel Größerem beginnen, also nahm ich Afrika, und arbeitete mich von der Straße von Gibraltar aus vor. Ich zeichnete etwa eine vergnügliche Stunde lang verschiedene Länder auf den Globus (und radierte aus und zeichnete neu). Die Längen- und Breitengrade halfen mir beim Einzeichnen der ungefähren Umrisse einzelner Orte.

Loraines Globen sind maßstabsgetreue Modelle der Erde. Ich beschloss gleich zu Beginn dieses Projekts, dass es sich um eine „Darstellung der Erde" und nicht um ein maßstabsgetreues Modell handeln sollte; es sollte leicht auf den ersten Blick erkennbar sein, aber wenn Ihre Insel, Ihr Archipel, Ihre Halbinsel oder sogar ein ganzes Land fehlt, tut es mir leid!

DIE ZWEITE BRANDMALEREI

Zufrieden mit meiner Skizze und ziemlich sicher, nichts Wesentliches übersehen zu haben, war ich bereit, diese Linien für immer einzubrennen. Sie sollten fein sein, aber nicht so fein wie das Gitternetz, also wählte ich den HD5S-Stift. Ich übte auf einem Holzrest; der HD5S war eine gute Wahl, da er gut kontrollierbar war und eine gute Linie im Holz hinterließ. Ich brannte etwa eine weitere Stunde lang meine Landmassen in den Globus. Bei genauer Überprüfung bemerkte ich, dass ich Papua-Neuguinea übersehen hatte, und fügte es schnell hinzu! Als ich mit der Brandmalerei glücklich war (wohl meine bisher beste!), spannte ich den Globus wieder in die Becher mit den Dichtungsringen und schliff ihn in mehrere Richtungen mit 400er-Schleifpapier, um überschüssige Brandspuren, Bleistiftlinien und Flecken zu entfernen.

DER GLOBUSSTÄNDER

Während ich den Globus fertigte, dachte ich über den Ständer nach. Ich wollte einen traditionellen oder sogar antiken Stil wählen, also suchte ich online nach antiken Globen.

Der Sockel selbst wäre relativ einfach zu drechseln, aber der Ring um den Globus, der sogenannte Meridian, wäre knifflig. Massivholz hat immer irgendwo etwas kurze Maserung, aber es wäre schön, wenn das ganze Werk aus dem gleichen Holz gefertigt wäre. Ich sah meine Platten durch, aber ich hatte kein dünnes Sperrholz, was gut für die Stabilität gewesen wäre, wenn auch nicht so sehr für das Aussehen, also musste ich Massivholz verwenden. Ich hatte Eichenholz von einem anderen Auftrag übrig, das gut aussehen würde. Die kurze Maserung würde hoffentlich keine Probleme verursachen, wenn ich es dick genug machen könnte. Ich hatte noch ein kurzes Stück eines Messingstabs (3 mm) übrig, das sich perfekt als Achse des Globus eignen würde – vielleicht wäre es sogar genug, um die Verbindung zwischen Meridianring und Ständer zu unterstützen.

DER MERIDIAN

Ich fertigte zuerst den Meridianteil des Ständers an.
Ich schnitt ein etwa 100 mm breites und 10 mm dickes Stück Eiche überlang zu, um es für eine gleichmäßige Dicke sicher durch meine Dickenhobelmaschine führen zu können. Der Globus hatte am Ende einen Durchmesser von 70 mm, also markierte ich auf meinem Brett Bögen bei 75 mm und 105 mm, um einen Ring von 15 mm Breite zu erhalten.
Ich schnitt ihn mit der Bandsäge aus und arbeitete den äußeren Bogen mit dem Kantenschleifer nach. Der inne-

Sägen des Eichenholzmeridians.

Handschliff der Innenseite.

Bohren der Achse.

Schliff der Außenseite.

Passprobe von Globus und Meridianring.

re Bogen war etwas schwieriger, aber ich sägte ihn recht genau aus, legte Schleifpapier um einen gedrechselten Zylinder und schliff ihn glatt.

Dann zog ich eine Bleistiftlinie entlang der späteren Achse des Globus. Sie musste mit einem 3-mm-Bohrer genau gebohrt werden, um den Messingstab, um den sich der Globus drehen würde, aufzunehmen. Ich machte eine Probe mit einem Holzrest, um sicherzustellen, dass der 3-mm-Stab gut in eine 3-mm-Bohrung passte – dies gelang gut auf Reibung. Ich nahm den Meridian mit zur Standbohrmaschine und bohrte mithilfe eines Winkelmessers vorsichtig die Achsenlöcher. Ein testweiser Zusammenbau mit Globus und Messingstab sah vielversprechend aus.

DER STÄNDER

Der Ständer selbst war eine zweiteilige Drechselarbeit, mit einer Planscheibe für den Sockel und Spindeldrechseln für die aufrechte Halterung. Das Design war nicht maßgeblich, aber nachdem ich ein paar Bilder antiker Globen studiert hatte, erkannte ich einige Besonder-

Formen des erhabenen Wulsts am Sockel mit 6-mm-Meißel.

Drechseln der Spindel.

Schneiden der Fuge für den Meridian.

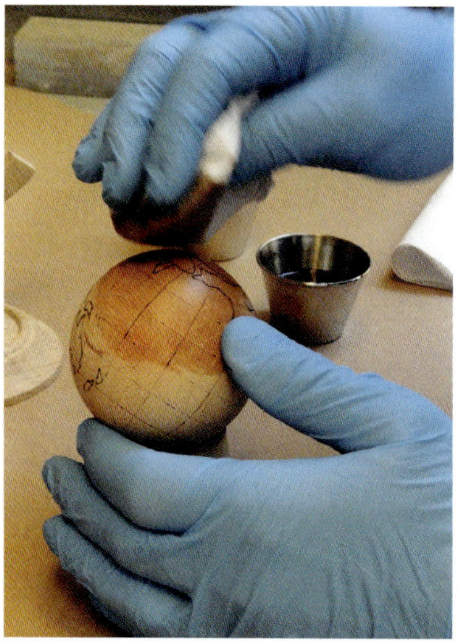

Färben des Globus mit dünner Beizmischung.

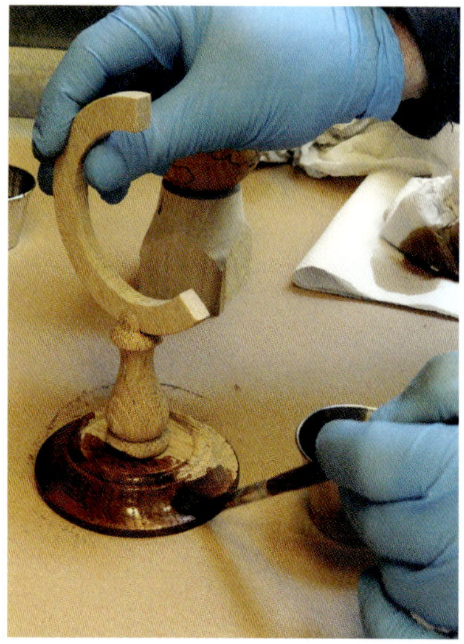

Beizen des Ständers.

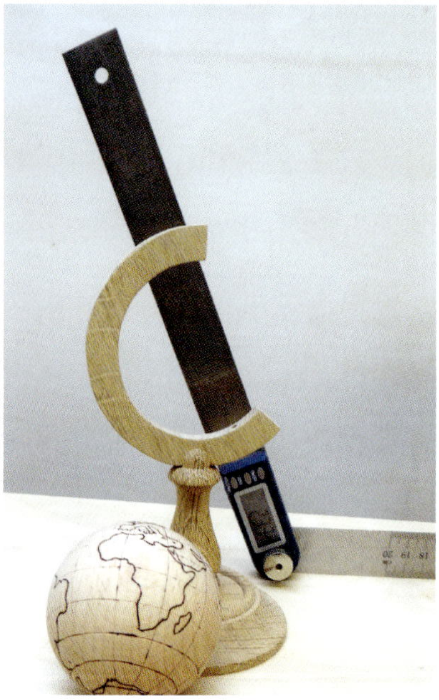

Prüfen des Meridianwinkels.

Einölen der Teile.

Polieren des Globus.

heiten, die ich einbauen wollte, wie das erhabene Wulst-Detail auf dem Sockel und die gebogene Form der Spindel.

Der Sockel musste mit 95 mm, was der Breite antiker Globen entsprach, breit genug sein, um stabil zu sein.

Die Verbindung zwischen Meridianring und Spindel war eine Art Grauzone, da sie auf Fotos oft undeutlich ist. Ich beschloss, eine Art Kuppel zu drechseln, in die ich einen Schlitz schnitt und mit einem rasiermesserscharfen Meißel vorsichtig auf die Meridianbreite schnitt. Ich achtete darauf, die Achslöcher im Winkel von 23,5° zur Senkrechten auszurichten, damit der Globus sich im richtigen Winkel neigte. Dann benutzte ich ein Stück des 3-mm-Messingstabs mit etwas Epoxid als Stift, um alles durch die vorgebohrten Löcher zu befestigen. Als das Epoxid getrocknet war, war ich sehr zufrieden damit, wie stabil es sich anfühlte.

BEIZEN

Die ganze Zeit hatte ich darüber nachgedacht, welche Farben ich verwenden sollte. Viele Globen nutzen Blau- und Grüntöne, um die Meere und Landmassen darzustellen, aber es war mir etwas zu einfach, nur diese beiden Farben zu verwenden, da Wüstengebiete eigentlich Gelbtöne, Gebirgszüge Brauntöne und Polargebiete Weiß haben sollten – und das könnte ziemlich schnell zu komplex werden.

Ich hatte blaue und grüne Beize und glaubte, dass die eingebrannten Linien ein Verrinnen der Farben verhindern würden, also testete ich es an einem Buchenholzstück. Tatsächlich verhinderten die Brandlinien das Verrinnen, aber ich war unzufrieden mit den Farben direkt aus der Flasche. Ich hätte sie noch abschwächen können, aber ich war einfach nicht glücklich damit.

Beim Blick auf weitere Bilder alter Globen sah ich, dass einige sepiabraun waren, und eine Idee nahm ihren Lauf. Die meisten antiken Stücke, die ich gesehen hatte, hatten dunkle Holzsockel, also konnte ich meinen Eichensockel mit der dunkelsten Beize färben, die ich besaß („Jacobean"). Stark verdünnt könnte ich den Buchenholzglobus mit dieser Beize „altern" lassen und ihm Charakter verleihen, ohne ihm weitere Farben hinzuzufügen. Ich probierte aus, wie stark ich die Beize verdünnen musste, und fügte ihr Spiritusverdünnung hinzu. Zufrieden mit dem Ergebnis trug ich die dünne Beize mit einem Papiertuch leicht auf den Globus und die dunkle Beize mit einem Pinsel auf den Eichenholzsockel auf. Nach dem Trocknen trug ich vier Schichten Hartwachsöl auf und polierte sie mit meinem abgerundeten Pinsel, um für eine weichen Haptik und subtilen Glanz zu sorgen.

Meine Brandmalereifähigkeiten haben sich verbessert.

FERTIGSTELLUNG

Der letzte Schritt war der Einbau des Globus in den Meridian. Ich halbierte das verbliebene Stück Messingstab und touchierte das sichtbare Ende mit meinem Schleifgerät, damit es sauber im Meridian saß. Ich wollte etwas Epoxidharz hinzufügen, um alles zu fixieren, aber als der Stab an seinem Platz war, stellte ich fest, dass der Globus, einmal eingerichtet, perfekt saß und sich leicht drehen ließ – ganz ohne Klebstoff.

Der Messingstab hält den Globus an Ort und Stelle.

Der fertige Globus im Ständer montiert.

Ich war mit dem Ergebnis hochzufrieden und fand, dass sich meine Brandmalerei wirklich verbessert hatte. Ich war glücklich mit den gewählten Farben, die das Gefühl eines echten antiken Globus vermitteln. Der Sockel ist vielleicht etwas groß, dafür aber sehr stabil und passt gut zu den alten Globen, die ich online gesehen habe.

Über den Autor

Richard Findley ist Berufsdrechsler mit Sitz in Leicestershire (GB). Er kommt aus dem Holzwerken, ist gelernter Tischler und arbeitete in der familieneigenen Tischlerei. Findley entstammt einer langen Reihe von Holzwerkern von mindestens fünf Generationen. Er schätzt besonders die Vielseitigkeit seiner Arbeit – von einmaligen Prototypen bis hin zu großen Serien und Aufträgen für Möbelhersteller, Restauratoren, Architekten, Designer und Tischler.

Er arbeitet hauptsächlich in Großbritannien, aber sein wachsender Ruf, Drechselarbeiten höchster Qualität zu fertigen, hat ihm Aufträge für Werke in den USA, Kanada und Australien eingebracht.

Richard ist ein bekannter und beliebter Referent, der im Vereinigten Königreich, Irland und den USA Vorträge gehalten hat. Er schreibt seit 2010 für die Zeitschrift „Woodturning“, hat ein Buch über das Schalendrechseln geschrieben und eine große Fangemeinde auf Instagram.

Email: richard@turnersworkshop.co.uk
Website: turnersworkshop.co.uk
Instagram: richard_findley

Foto von Nathan Savory.

DANKSAGUNGEN
Für meine Eltern Bill und Rita, die dies nicht mehr lesen können, aber hoffentlich stolz wären.